地球の履歴書

大河内直彦

新潮選書

地球の履歴書　目次

地球の履歴書

まえがき

御嶽山や口永良部島が噴火し、蔵王や箱根でも火山活動が活発化している。三・一一以降、各地で大きな地震も起き、日本周辺がここのところ騒がしい。そのうえ富士山が噴火するとか、直下型地震が首都圏を襲うといったことまで週刊誌を賑わすようになっている。こういうことは、井戸端会議のネタにはなっても、詰まる所は自然科学の領域におけるテーマである。そこで語られる話にどの程度の真実味があるのかは、科学者に聞いてみないとわからないというのが、多くの人の本音だろう。

自然科学とは、（きっと一つしかない）絶対的真理を追究する行いと一般に考えられがちだ。しかし、現実はそう単純でもない。現代の科学には、複雑なシステムを取り扱っているがゆえに、あるいは決定的な証拠を得にくいがゆえに、真偽の境界が定かでないものも多いからだ。そうなると、科学は途端にきわめて人間臭い営みに化ける。信じる者、信じない者、信じさせようとする者、信じないようにさせる者などが、科学を巡って別次元のあらゆる行いを日々繰り広げることも珍しくない。地震発生や火山噴火など非線形システムを取り扱い、突発的な事象に左右されることもある科学には、特にこんなことが多いように思う。必然的に、そんな科学の真偽判定は、「時」の審判を仰がざるをえなくなる。新たに決定的な証拠や、斬新な研究法が生まれるかもしれないし、たとえそうならなかったとしても、時とともに積み重なる状況証拠が少しずつ真相をあぶり出すからだ。

そんな一方で、科学の歩みは年々スピードアップしてきたのも事実である。科学の最前線は、日々休むことなく進んでいく。いかなる知の帝国といえども、常に新たな証拠と新しい考え方に挑戦され、時の試練に容赦なくさらされ続ける。時代が変われば世の雰囲気も変わり、科学者の視点もいやおうなしに移ろっていく。大多数の研究成果は後の科学の発展の礎となるほんの小さな一歩にすぎない。中には一世を風靡したものの結局のところ否定され、人知れず舞台裏へと消え去ってゆくものもある。科学の世界における多くの成果は、ほどなくして背景と一体化していき、背景を塗り替えたほんの一握りの成果だけが、研究者の脳裏に長らく生き続けるアイコンとなる。

本書に記したのは、そんな紆余曲折を経て発展を遂げてきた科学を通して、私たちの暮らす星を覗いた短編を集めたものである。地球上の珍奇な場所や驚くべき出来事について、科学の視点を交えながら紹介する八つのストーリーである。

私は、日々翻弄される科学の世界にどっぷり身を浸す現役の科学者の一人である。科学者が科学を題材にした随筆、あるいはエッセーと呼ばれるものを書くことには、実は少なからず抵抗がある。限られた時間をどのように過ごすべきかと考えた時、これが本当に正しい選択なのか？というジレンマに直面するからだ。

今から約八〇年前、寺田寅彦も同様に書きにくい気分を味わっていたらしい。

科学者のほうではまた、その研究の結果によって得られた科学的の知識からなんらかの人間的な声を聞くことを故意に忌避することがあたかも科学者の純潔と尊厳を維持するゆえんであると考えるような理由のない慣習が行なわれて来た。(1)

アウトリーチ活動を重視する昨今の科学行政のおかげで、さすがにこんな慣習もあまり聞かれなくなってきた。とはいえ、現代には現代特有の問題が横たわっている。年々厳しくなる科学者の査定だが、その基準に一般書の執筆が加味されることはまずない。結局のところ七〇年もの歳月は、この問題の視点をすり替えただけで、実質面では何も変わりがないのである。

気が引ける一方で、そこに現代社会を形作ってきた原動力の風景を浮かび上がらせることを私は気に入っている。科学者だけがもつ特権である。先ほどの引用に続く寅彦の文章が秀逸で、私の背中を強く押してくれた。

科学者が科学者に固有な目で物象を見、そうして科学者に固有な考え方で物を考えたその考えの筋道を有りのままに記述した随筆のようなものには、往々科学者にも素人にもおもしろくまた有益なものが少なくない……いずれも科学者でなければ書けなくて、そうして世人を啓発しその生活の上に何かしら新しい光明を投げるようなものを多分に含んでいる……自分の見るところでは文学のこの一分派にはかなり広い未来の天地があるような気がするのである。(1)

科学は科学者だけのものではない。社会の成長の礎であり、歴史の重要な裏方として機能してきた社会のメカニズムの一端でもある。そもそも身の回りを見回せば、テレビ、エアコン、自動車といったメカに限らず、断熱ガラス、遮光カーテン、浄水器、保湿剤といったものからシャーペンの芯に至るまで、科学からスピンアウトした原理を元に生まれたモノで溢れかえっているではないか。

科学は難しくてわからない、科学なんか何かの役に立つのか？　などとのたまうなかれ。科学が一般社会に少しだけ歩み寄り、人々の心がわずかでも科学に共鳴できれば、そこには創造的な出会いがある。それこそが人類を現代人に仕立て上げた所以《ゆえん》であり、人類の将来を約束する道標となる。本書がそういった出会いの場となれば幸いである。

平成二七年七夕　　大河内直彦

第一章　How Deep is the Ocean?

海に関する知識は、好奇心の問題と言うには余りある。人類が生き残れるかどうかは、それに掛かっているだろう。

ジョン・F・ケネディ

地球創世記

星は大音響とともに生まれた。

遠い昔、それも四五億七〇〇〇万年前という、とてつもなくはるか昔のことだった。それでも宇宙開闢の鐘が鳴り響いてからすでに九二億年あまりもの時が流れていた。宇宙では、すでに無数の星が生まれては消え、幾多のドラマが繰り広げられてきたのだった。いかなる物語も記録に残されることなく、片っぱしから容赦なく抹殺され続けてきたのだった。しかし懲りることなく、宇宙空間をさまよう隕石や小惑星の数々が激しい衝突を繰り返した。私たちが暮らす原始の地球が産声を上げた日といえども、宇宙においてはごく平凡な一日にすぎなかったのである。

宇宙空間に漂ういかなる物質とて、物理学の根本原理から決して逃れることはできない。質量をもつあらゆる物質は、時の流れとともに、互いの引力によって少しずつ距離を縮めていく。ガスや細かな塵が集まって小さな粒になると、それが持つ引力はさらに強まる。質量の大きな物質ほど、より速く大きくなる。強い者はますます強くなり、弱い者は消え去るのみ。弱肉強食こそが宇宙空間における唯一のルールなのだ。

砂粒が石ころサイズの物体に成長すると引力はさらに増し、一回り大きなサイズの隕石になるのにそれほど時間はかからない。そして、いずれそれらは集まって小さな星へと成長し、その小惑星同士がさらに衝突して一人前の星になる。

地球に限った話ではない。夜空にちりばめられたあらゆる星は、このようにして出来上がった。広大な宇宙空間に散らばるほとんどの星が、絵に描いたようなきれいな球形をしている理由はただひとつ。それが物理的にもっとも安定ということに尽きる。

宇宙空間をさまよう隕石や小惑星が、高速で別の物体に衝突すると、物体がもつ運動エネルギーの多くは熱エネルギーに変わる。創成期の地球は、無数の隕石や小惑星が次々と衝突したおかげで灼熱地獄と化していた。固い岩石ですら融けたドロドロの物質の塊だったのである。融けた物質をつなぎ止めているのは、唯一自らの引力だった。

私たちの将来を決定づけるひとつの出来事は、四五億三〇〇〇万年前にやってきた。「テイア」と呼ばれる火星ほどの大きさをもつ惑星が、原始の地球に衝突したのである。ちなみにテイアとは、ギリシャ神話における月の神セレネの母親の名前である。

秒速四キロメートルというとてつもない高速で原始地球に衝突したテイアは、轟音とともに原始地球にめり込んだ。これほど巨大な物体同士が高速で衝突すると何が起きるのだろうか。この問いに答えるには、私たちの想像力ではとうてい間に合わない。コンピューター・シミュレーションの助けが必要となる。それによると、テイアと原始地球のいずれからも大量の破片が飛び散り、あたり一面は手のつけようもないカオスの世界が広がった。それから数十年後、そこには地球を周回する月が誕生していた。衝突によって生じた多数の星のかけらが、引力のおかげで再び集合し、一つの星としてまとまったのである。

出来上がったばかりの月は、地球からわずか二万キロメートルのところにぽっかりと浮かんでいた。現在の地球と月の距離が三八万キロメートルだから、地球から見た月の大きさは現在の二〇倍近くの大きさに見えたことになる。それこそまるで夜空に浮かぶお盆だったに違いない。

再び時は過ぎ去った。テイアの衝突が引き起こした大事件の余韻もほとんどなくなり、地球近辺に散らばる隕石の数はめっきり減った。おかげで隕石が地球に衝突することもあまりなくなった。それとともに、地球の温度はゆっくりと下がり始める。地球がもつ熱エネルギーは、徐々にしかし確実に宇宙空間に散逸していったのである。

そんな中、ドロドロに融けていた原始地球の中では、ある変化が起きていた。重い鉄やニッケルといった金属成分が沈み、星の中心部に集まっていたのだ。溶鉱炉の中で、鉄鉱石から抽出された鉄が沈むのと似たようなことが起きていたのである。金属成分が集まった地球の中心部は、後に「コア」と呼ばれる部分になった。

星の温度がどんどん下がっていくと、今度はケイ素やマグネシウムに富んだ物質が沈殿し始める。そしてそれは、マントルになった。最後にほんのわずかだけ融け残っていた物質もついには固化して地殻となった。出来上がった当初ドロドロに融けていた地球という星は、このようにしてコア・マントル・地殻という三重の層構造をもつ固体の星に生まれ変わったのである。

　その頃、地球の水はまだ、ほとんどが大気中にあった。もちろん水蒸気としてである。これらの水の多くは、もともと宇宙の塵や隕石の中にごくわずかに含まれていた水分子だ。原始地球が融けると同時に、水蒸気として分離され、地球の表面に集まったのだった。

　その水分子のなかには、彗星によってもたらされたものもあっただろう。彗星は、口の悪い科学者たちから「汚い雪だるま」と呼ばれるほど、水を多量に含んでいる。水が大気中で凝結する温度は、岩石が固まる温度に比べれば一〇〇〇℃近くも低い。したがってこの大量の水は、地殻が出来上がってからもしばらくは、まだ熱が完全に冷めやらぬこの星を覆う分厚い雲を作り、大気中をあてもなくさまよい続けていた。

　しかし、そんな時代もそろそろ終わりに近づいていた。地球表面を焦がしていた熱は、宇宙空間に向けて次々と逃げて行き、地球の表面はさらに冷めていく。水蒸気として大気中にたっぷりと含まれていた水は、分厚い雲の中で凝結すると大粒の雨となって大地に向けて落ちていった。初めのうちは、雨粒が地面に触れるやいなや、ジューという音を残してあっという間に蒸発していった。しかし、それも時間の問題だった。やがて地表面には、小さな水たまりが生まれ、それが時とともに少しずつ大きくなっていった。地表面を覆う水の層は、徐々に分厚くなっていったのである。

　いつしか雨も小やみになり、雲の合間から青空が顔を覗かせる日がついにやってきた。その頃には、海は満々と水を湛え、数えるほどの小さな陸地が浮かんでいただろう。「海の水」は、まだ塩辛くさえもなく[1]、泳ぐ魚もいなかった。しかしそこには、来たるべき未来に希望を抱かせる何かがあった。この時、原始地球が生まれてから、すでに五億年ほどの月日が過ぎていた。今からはるか四〇億年ほど前のことである。

海は、コア・マントル・地殻に続く、地球の四番目の層と呼んでもいいかもしれない。そこは多くの化学反応の舞台となり、おそらく生命を生むゆりかごにもなった。生命が生まれてからも海は、環境を支配する原動力として君臨するとともに、生命に進化をもたらす場としても機能したのである。

海は満々と水を湛えているとはいえ、地球の半径六四〇〇キロメートルに比べれば、ほんの薄っぺらいものにすぎない。海水の量が一四億立方キロメートルに対し、コア・マントル・地殻を足し合わせた固体地球は一兆立方キロメートルあまりもある。つまり、海は体積にして固い地球の七〇〇分の一程度だ。地球をボウリングの球とすると、海水すべてを集めたとしてもオリーブの実ほどでしかない。

月の表面は無数のあばた、つまりクレーターに覆われている。クレーターとは、隕石や小惑星が衝突した痕跡である。隕石が衝突すれば、隕石の何倍もの直径をもつ円形の窪地ができる。物理法則にコントロールされた宇宙の爆弾に、月が攻撃されてきた証だ。

その一方で、地球の表面にはクレーターがわずかしか見当たらない。地球も月と同様に、無数の小惑星や隕石の爆撃を受けたはずだ。しかし、地球の表面は、当時すでに広く海に覆われていた。海がその衝撃を弱めるとともに、水の働きがクレーターをきれいさっぱり洗い流してしまったのである。

こういった星の始まりの物語は、もちろんそれを目にした者など誰一人いない。岩石中に記録も残されていない。この星を構成する物質についての幅広い知識、惑星の誕生を模擬実験したコンピューター・シミュレーション、そして太陽系の外側で現在も繰り広げられている星のドラマの観察などをもとに組み立てられたシナリオである。(2) 人類の叡智の産物とも言えるだろう。私たちのような生命も、おそらくこういった物質の中から生まれたのである。

もちろん科学が大きく発達する二〇世紀よりも前の人々は、こういったことなど知る由もなかった。地球の生い立ちについて私たちが詳しく知るようになったのは二〇世紀も半ば以降のことだ。そういった知識が生まれてから、まだ半世紀あまりしか経っていないのである。

海の広さを知る

アフリカ大陸の北東岸に輝く「地中海の真珠」ことアレキサンドリアは、古代ヘレニズム文化が花開いた古代都市である。アレキサンダー大王の名を冠したエジプト第二の都市は、ナイル・デルタの西端に位置している。紀元前一世紀には、すでに人口一〇〇万人を超えるほどにまで栄えていた。そしてそこには、プトレマイオス一世によって建てられ、蔵書七〇万冊を誇る世界最大の図書館があった。

世界の知の拠点を取り仕切る三代目の館長エラトステネスは、地球が球形であることを知っていた。それだけではない。地球の大きさまで推定していた。まさに真のインテリゲンチャだったのである。

紀元前二三〇年頃のある日、いつものようにエラトステネスは図書館で調べ事をしていた。そこで偶然、昔の船乗りによって書かれた書物の中に興味深い記述を見出した。太陽が一年で最も高い位置に来る夏至の正午になると、シエネの町中にある深井戸の水面に太陽が映るというのである。夏至のシエネでは、太陽が天頂（つまり真上の空）に位置するというわけだ。

シエネは現在アスワンと呼ばれ、ナイル川に面した観光都市である。この町のはずれに建設された巨大なダムと、この町を舞台にしたアガサ・クリスティの推理小説[3]によって、その名は世界に広く知られるようになった。シエネはアレキサンドリアのほぼ南方に位置し、当時から交易が盛んな町だった。交易の品々は船に載せられて日々ナイル川を行き交い、その一部はアレキサンドリアにも届けられた。深井戸に映る太陽の話は、そんな交易品を運ぶ船乗りたちの間で囁かれたものだった。幾何学や天文学に深く通じていたエラトステネスが、この話を知って閃いたと想像しても決して不思議ではない。

アレキサンドリアに次の夏が巡ってきた。エラトステネスは、同じように夏至の日に太陽の南

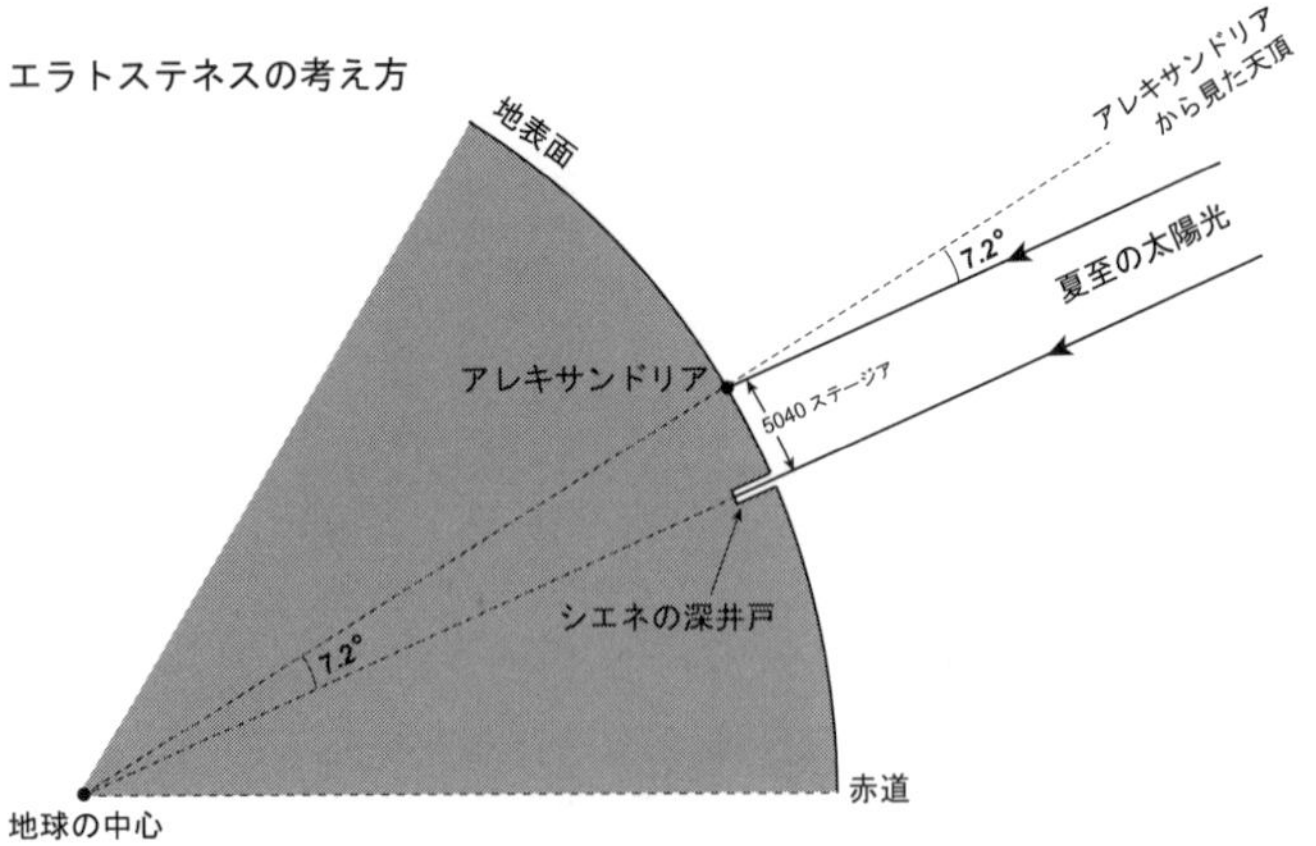

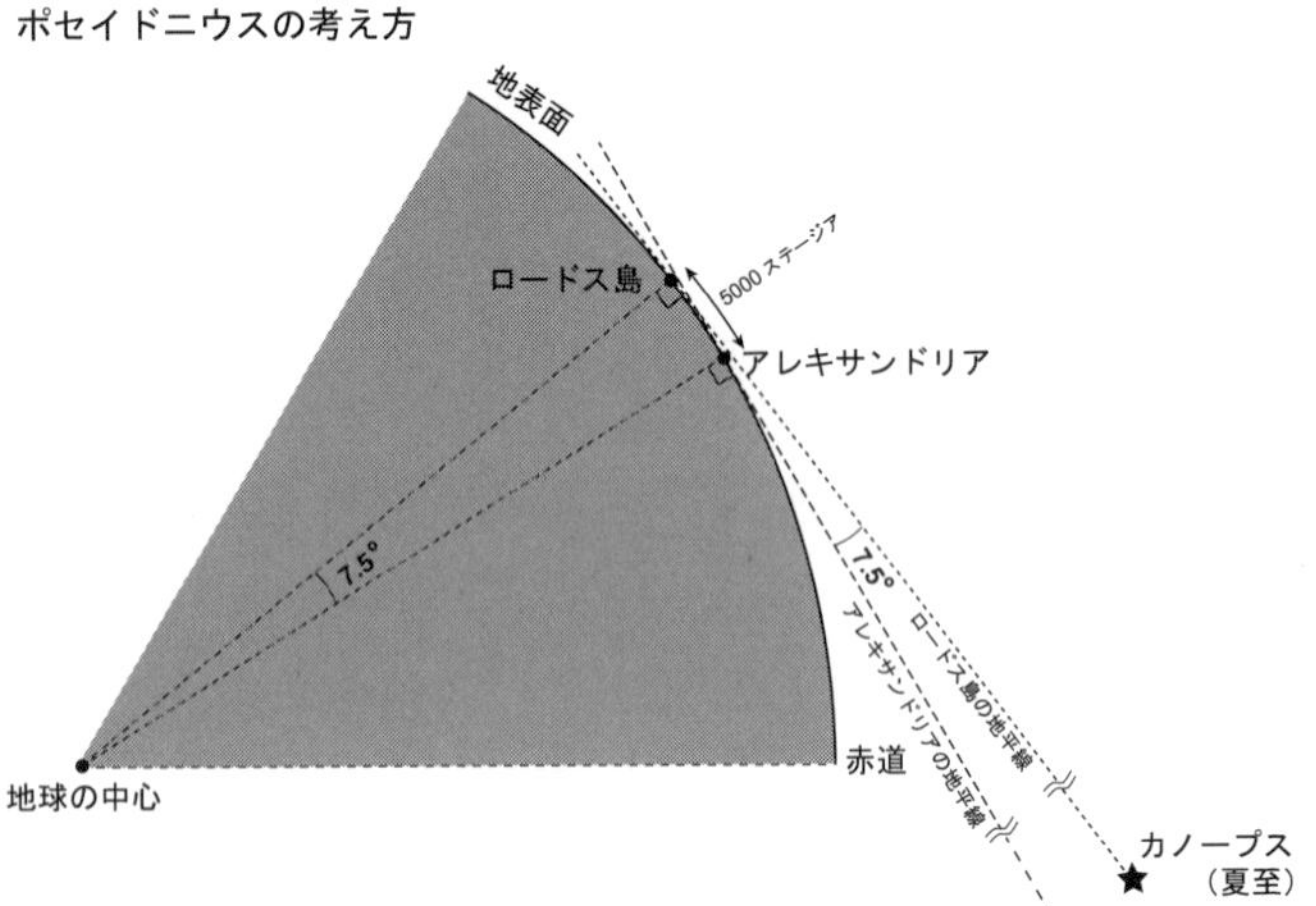

【図１】エラトステネス（上）とポセイドニウス（下）が地球の大きさを推定した時の考え方を示した図。詳しくは本文参照。

中高度を精密に測定してみることにした。予想どおり、太陽は天頂よりもいくらか南に傾いており、その傾きは円周のおよそ五〇分の一（七・二度）であった。もし地球が完璧な球形をしているなら、アレキサンドリアとシエネの距離の五〇倍が地球一周の距離に一致するはずだ【図1上】。

そう考えたエラトステネスは、アレキサンドリアとシエネの直線距離を測るために、一人の男を雇った。その男にラクダを一頭与えて旅させたのである。後にその男の報告をもとにエラトステネスが推定したところによると、二つの町の直線距離は五〇四〇ステージアというものだった。(4) つまり地球の全周距離は、この数字を五〇倍した二五万二〇〇〇ステージアということになる。

ステージアという単位の大きさについては、いくつかの数字が現代に伝わっている。ローマ時代の八分の一マイルとして知られるステージアは、現代の単位に直すとおよそ一八五メートルである。それ以外に、一五七・五メートルというステージアと、プトレマイオスの「帝国ステージア」として知られる二一〇メートルのものがある。(5) エラトステネスがいったいどの数字を用いたのかは、科学史家の間でさまざまな議論がある。もっとも長いものを用いた場合、地球の全周距離は五万三〇〇〇キロメートルほどになり、もっとも短いものを用いると四万キロメートルたらずになる。実際の地球の全周距離はよく知られているように約四万キロメートルだから、(6) 最悪のケースで三〇パーセントあまり大きな数字だったことになる。とはいえ、確かな測器など何もない当時としてはかなり正確な値をはじき出したと言えるだろう。

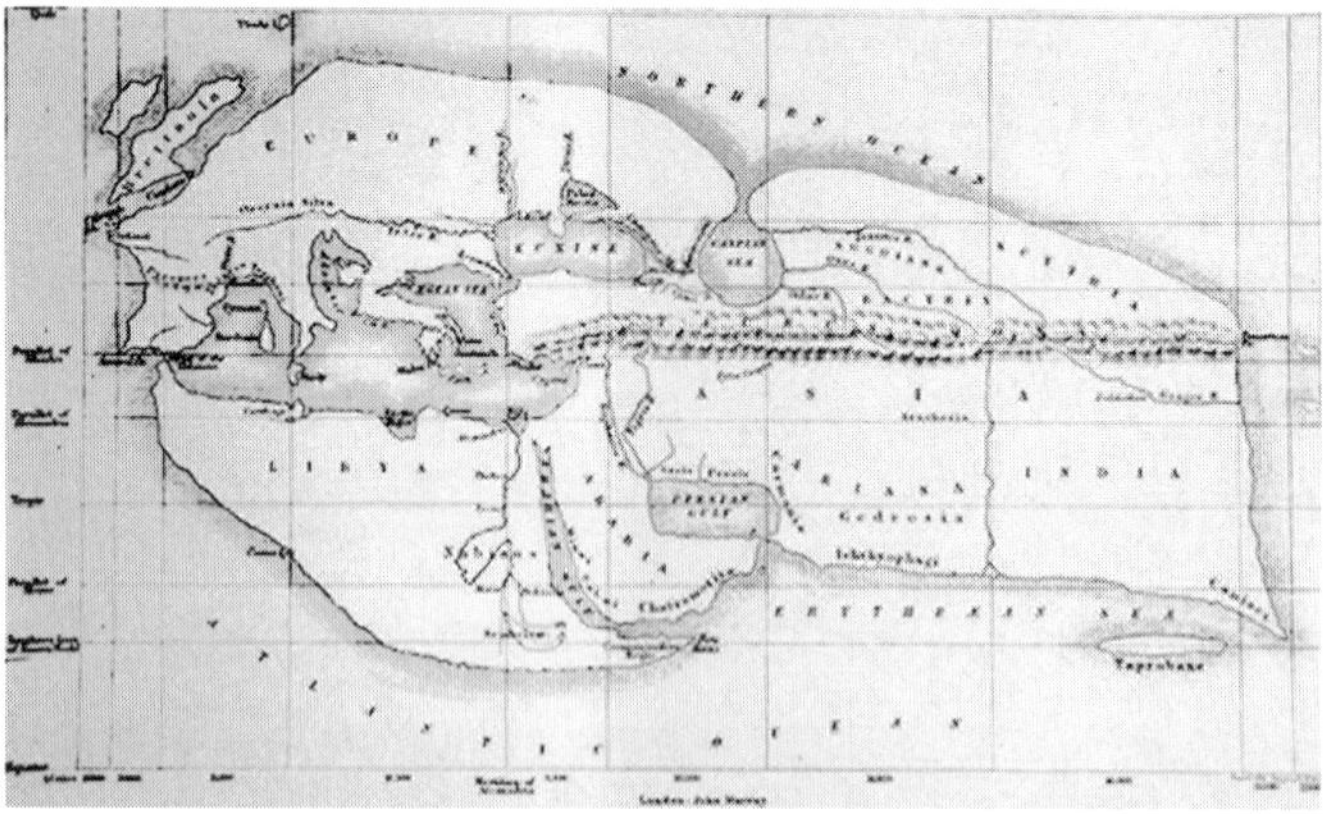

【図２】紀元前３世紀頃にエラトステネスによって描かれた世界地図（19世紀に復元されたもの）。東は黒海やアラビア半島付近までが比較的正確に描かれている。北はスカンジナビア半島がまだ描かれていないのに対し、南はナイル川沿いが比較的正確に描かれている。

当時の深井戸は残念ながら残っていない。しかし、シエネの街は、正確には北緯二四度〇五分あまりに位置している。それに対して当時の北回帰線は、およそ北緯二三度四四分に位置していたから[7]、深井戸の位置は距離にして四〇キロメートルほど北回帰線より北側にずれていたことになる。アレキサンドリアの太陽高度の測定値も、少しばかり正確さを欠いていた。さらに、地球は完全な球体ではなく、南北にやや歪んだ「回転楕円体」であることも少々影響した。こういった原因によって、地球の大きさの見積もりにいくらか不正確さが生じたのである。とはいえ、初めて地球のサイズを測定した意義は、科学の範疇に収まらず、人々の世界観にまで及ぶものだった。

エラトステネスは、世界地図を作ったこと

でも知られている。もっとも、私たちが知る限り、最古の世界地図はエラトステネスに先立つ紀元前六世紀に古代ギリシャで作られたものである。エラトステネスが描いた世界地図は、先人による地図を土台にした改訂版だった【図2】。

エラトステネスが活躍した紀元前三世紀後半、アレキサンドリアを訪れる船は、積荷の中のあらゆる書物をいったん没収され、図書館へ運ばれて複写されるのが習わしだった。エラトステネスはこういった書物から得た知識や、自身より一世紀ほど先立つアレキサンダー大王とその部下たちが東方遠征によって得た知見をもとに、世界地図を描き直したらしい。

一九世紀に復元されたエラトステネスの世界地図には、地中海が世界の中心に鎮座している。アラビア半島やホルムズ海峡、黒海にカスピ海までかなり詳細に描かれている。ギリシャ、イタリア、スペインなど南欧の海岸線もかなり正確であることがわかる。しかしその一方で、アジアやアフリカは地中海から遠くなるほど変形し、矮小化されている。もちろん南北アメリカ大陸は描かれてすらいない。図らずして、当時のヨーロッパ人の行動範囲を如実に示す認知地図となったわけだ。それでも大海原を股にかける頑丈な船すらなかった当時としては、偉業であることに違いはない。

エラトステネスが地球のサイズを推定し、世界地図まで描いていたということは、ヘレニズムの知識人たちは、まがりなりにも海の大きさを把握していたことになる。こういった知見は、当時の人々に世界を見渡すビジョンを植え付けたのである。知識が蓄積されていくことの意義が、エラトステネスの業績に凝縮されている。

永遠に失われた知

それから一世紀半ほど経った紀元前一世紀のこと。新しい観測結果をもとにして、地球のサイズが再び推定された。

現在のシリアに生まれ、アテネで教育を受けた科学者ポセイドニウスは、後にロードス島に居を構えた。当時の多くの科学者がそうであったように、ポセイドニウスも哲学者であり、歴史家であり、そして政治家だった。

ポセイドニウスは太陽ではなく、夏の夜空の水平線ぎりぎりに横たわるりゅうこつ座[8]の一等星カノープスに目をつけた。ロードス島では、カノープスは夏至の頃に限って水平線すれすれに顔を出す。それに対して、ロードス島の南方五〇〇〇ステージアに位置するアレキサンドリアでは、カノープスは夏を通して地平線より少々上で輝いている。ポセイドニウスが夏至の日のアレキサンドリアで観測したところによると、その南中高度は七・五度だった【図1下】。

この観測結果をもとにポセイドニウスは、地球の全周をおよそ二四万ステージアとはじき出した。これはエラトステネスの数字よりも幾分小さな数字である。一ステージア＝一八五メートルとすると、実際の地球の外周距離より一〇パーセントあまり長いに過ぎない[9]。

しかし、ポセイドニウスとて二つの点で不正確だった[4]。一つは、ロードス島におけるカノープスの正確な南中高度は約五・二五度で、二度あまり過大評価したことだ。これは大気による光の屈折を考慮しなかったためである。地平線すれすれの月や夕日が大きく見えるのと同じ理屈で、地平線近くに見えるカノープスの見かけ上の高度は、本当の高度よりも高く見えるのである。

二つ目の誤りは、ロードス島とアレキサンドリア間の距離を過大評価したことだ。当時、海でしか行き来できない場所の距離を正確に知ることは至難の業だった。ポセイドニウスにとって幸運なことに、二つの不正確さは相殺するように働いたのである。

そんな思索の時代も、やがて幕が下りる。暗黒時代の始まりは、紀元前一世紀にやってきた。この地を征服したジュリアス・シーザー率いるローマ人たち、そしてその後にやってきたアラブ人たちの蛮行によって、世界最大の知の拠点は灰燼に帰してしまう。書物は焼き払われ、建物は廃墟と化した。長年にわたって蓄積された人類の知は、あっという間に失われてしまった。その中には、アリスタルコスによってはじめて提唱された地動説も含まれていたはずだ。

真に知的産物と言えるものを生み出すには、たまにしか現れない天才を必要とするものだ。それに比べ、知的産物を失うことなどいとも簡単だ。フランス革命時、数学者ジョゼフ・ルイ・ラグランジュは、化学者アントワーヌ・ラヴォアジエがギロチンで斬首されたことを嘆いて、次のように呟いた。

あの頭を切り落とすには一瞬あれば事足りる。しかし、あれと同じ頭を作るには、一〇〇年あっても足りないだろう。

ヘレニズムの知的産物の多くは同様の運命を辿った。おかげで、今となっては当時の知識は断片的にしか残されていない。エラトステネスやポセイドニウスの業績は、ギリシャの天文学者クレオメデスや古代ローマの博物学者プリニウスの著書などを通して間接的に知られているにすぎないのである。彼らの業績の一部が現代にまで伝わっていること自体奇跡と言っていい[10]。当時の人々による知的作業の結晶の多くは、人類の記憶から完全に抹消されてしまった。

ヨーロッパの科学は、アレキサンドリア図書館と運命を共にし、その後長らくたそがれの時代が続く。コロンブスの時代になっても、世界地図はエラトステネスが描いたものからさしたる進歩がなく、地球の大きさをエラトステネスやポセイドニウスより正確に推定した者は誰一人いなかった。

先人の足跡

海はいったいどのくらい広いのだろう。水平線の彼方には海の端があり、周囲を川のように流れているのだろうか？　はたまた、海の端は滝のように落ち込んでいるのだろうか？

知の栄光がはるか過去のものとなった中世ヨーロッパの人々にとって、こういった問いに答えようとすることは、神話の世界へ足を踏み入れることに等しかった。彼らにとって、海は相変わらず果てしなく広がる巨大な底なしの水がめだったのである。

イタリアの探検家クリストファー・コロンブスがアメリカ大陸を発見し、ポルトガルのバーソロミュー・ディアズが喜望峰を発見したのは一五世紀末のことである。古典的なキリスト教の世界観がはびこった時代だったとはいえ、当時の海の探検家たちの多くは、ギリシャ時代の先人たちのおかげで地球が丸い球体であることを知っていた。

航海の前にコロンブスは、西回りでインドに到達するまでの日数を推定している。研究熱心だったコロンブスは、エラトステネスとポセイドニウスによって求められた地球の大きさを、プトレマイオスの著書を通して知っていた。しかしその計算には、エラトステネスやポセイドニウスがはじき出した数字ではなく、プトレマイオスがその後の天文観測などをもとに推定した数字を用いた。プトレマイオスがはじき出した数字が、他の二人のそれに比べて三割ほど短く、東回りよりも西回りの方がアジアに早く到着する計算になる。尻込みする船員たちを鼓舞するのに、都合が良かったからとも言われている。もっとも実際は、アジアにたどり着く前にアメリカ大陸(正確には西インド諸島)にぶち当たってしまったのだが。

自己矛盾をはらむことに、コロンブス自身は敬虔なカトリックの信者でもあった。その証拠に、『コロンブス航海誌』は「我らの主イエス・キリストの御名において」という書き出しの荘厳な

る序文から始まっている。(11)

キリスト教の世界観が圧倒した時代において、大海に乗り出した彼らにとってさえ、地球が丸いことは決して事実ではなく、信念あるいは甘い希望といったものでしかなかったのかもしれない。そんな時代に、果てしなく広がる大海原に向けて帆を上げる勇気はいかほどであっただろう。

そして一六世紀初頭にはついに、フェルディナンド・マゼラン率いるスペインの艦隊が、西回りの世界一周航海に成功する。晴れてここに、地球がどこまでも続く平面などではなく、球状の物体であることが力ずくで実証されたのである。

これら偉大な探検家たちによる新しい大地や航路の発見は、ヨーロッパ人にとってその後もつづく大航海時代や、さらにその先の帝国主義や植民地時代という実り多い時代（もっとも、立場を変えれば搾取の時代とも言えるのだが）を迎えるにあたって大きな礎となった。

海を大きく股にかけた大航海時代といえども、命を懸けた冒険者とそのパトロンが求めたものは、新しい土地であり、そこで採れる金銀などの財宝であり、そして香辛料だった。いったいいつになれば陸地にたどり着くかすらわからない一か八かの航海では、飢え、病気、争いなど幾多の苦難に遭遇した。当時のどの航海誌を読んでも、こういった苦しみがページのほとんどを占めている。

マゼラン艦隊の世界一周航海はその最たる例だ。スペインを出航した時に五隻の船に乗り込んだ二七〇余名には、信じ難いほど厳しい運命が待ち受けていた。およそ三年と一ヶ月後にスペインに帰りついた時、船は一隻になり、出港当初からの乗組員はわずか一八名にまで減っていた。帰還率は七パーセントにも満たない。残り二五〇名あまりの乗組員が航海中に命を落とした。[12]

船員が命を落とす理由はごまんとあった。新鮮な食糧の不足からくる壊血病、厳しい航海に耐えかねた末の逃亡、諍い事の結末としての処刑、それに現地人との闘いなどである。マゼラン自身も、フィリピンで現地人と闘った末に落命し、その遺体は切り刻まれた。まさに命を懸けた壮絶な努力の足跡とその執念に、現代に暮らす私たちはただ驚くばかりである。

一九世紀になると、ヨーロッパでは近代国家が成立する。それと歩調を合わせるかのように、海が再び人類にとって挑戦の舞台となる。その目的は、新しい土地でもなく、ましてや財宝や香辛料でもなかった。国家安全保障上の理由である。

まだ飛行機が確かな乗り物ではなかった第一次世界大戦前の世界において、海は戦略上きわめて重要な通路だった。海峡や島、それに大型船の航行の支障となる浅瀬がどこにあるのか、その潮の流れがどれほど速く、どんな気象条件なのかといったことは当時の国家安全保障において第一級の情報だった。

私たちが、海の大きさを再び、そしてより正確に知ったのは、今からわずか二〇〇年あまり前のことだ。そして、海がどのくらい深いのかを正確に知るようになってから、まだ一〇〇年も経っていない。海の底に何があるのかについて知るようになったのは、さらにその後の話である。

円周率が、紀元前一五世紀以前のバビロニア時代から高度な数学を使ってはじき出され、星の動きが古代ギリシャ以前から詳しく研究されていたことと比べると、その差は歴然である。海は人々の暮らしのごく身近にありながら、その真の姿は長らくベールに包まれたままだった。そのベールが剝がされ、真の姿が徐々に明らかにされるには、二度の大戦を経て社会が成熟し、純粋に知的な欲求が海を研究する主要な動機へと変質してからのことである。そして海を知ることから、多くの叡智が生み出されたことはうれしい誤算だったのである。

海の深さを知る

How far would I travel
To be where you are?
How far is the journey
From here to a star?

And if I ever lost you
How much would I cry?
How deep is the ocean?
How high is the sky?(13)

「How Deep is the Ocean?」は、一九三二年にアーヴィング・バーリンによって作曲されたジャズ・スタンダードである。私の好みは、後にチェット・ベイカーが独特のぼそぼそ声で歌ったものだが、ジャズの名曲として多くのミュージシャンにカバーされ続けてきた。長らく歌い継がれてきた理由は、その歌詞に、自然と対峙する時に芽生える感情がストレートに表現されているからなのかもしれない。しかしこの歌が生まれた二〇世紀前半、第一線の科学者でさえ、歌のタイトルの問いに正確に答えることはできなかった。

遊覧船や釣り船、フェリーの船縁などから海面を覗きこんだ経験は多くの人にあるだろう。東京湾などでフェリーに乗ると、海の水は深緑色や、日によっては茶色の泥水に見えることもある。凪いだ日なら、海面はまるで鏡のように太陽の光を反射するだろう。覗き込んだところで、海底まで見通すことなど所詮できっこない。南の島へ行けば、船縁から海底が透けて見えたり、飛行機からも海底のサンゴ礁の分布が手に取るようにわかることがある。しかし水深が数十メートルになると、やはり海底まで見通せなくなってしまう。

海はどれくらい深いのだろう？　そこにはいったいどんな世界が広がっているのだろう？　こういったことは、海の側で暮らす人々にとってははるか遠い昔から大きな謎だった。

そしてそんな謎は、いつしか神話として語られるようになる。紀元前一五世紀にまで遡るギリシャ神話では、ポセイドンという名の海の神様が登場する。ゼウスとハデスを兄弟にもつこの神

【図３】紀元前19世紀、エジプトで建設された墓に壁画として描かれた当時の船の様子。最も右側（船首側）の男が細い棒を手にしており、それを用いて水深を測定している。その結果を船尾で舵を取る男に伝えている様子も窺える。

は、あちこちに愛人を囲うきわめて世俗的な神であった。しかし、オリュンポス一二神の一人という強い立場にあり、兄弟と世界を分かち合って世界を治めた。ギリシャ神話を模して、紀元前六世紀ごろに作られたローマ神話にも、海の神は登場する。ネプチューンである。驚くべきことに、海からほど遠いモンゴルの神話にも海の神は登場する。

当然ながら、海に囲まれたわが国には数多くの海の神がいた。中でもよく知られているのが、日南海岸の海彦・山彦だろう。古事記と日本書紀のいずれにも記されたこれらの神の物語には、浦島太郎や竹取物語といった昔話と符合する箇所がいくつもある。こういった神話には、私たち日本列島で暮らす人々の原風景を垣間見ることが出来る。

神話の一方で、一握りの人々はこの謎を解き明かすために果敢に挑戦した。古代エジプト以降、浅い海の水深を測るのに測深板あるいは測深棒と呼ばれるものが用いられた。先に板をつけた紐や、長い竿を船上から海中に降ろして深さを測る原始的な測器である。その様子は、紀元前一九世紀に造られた古代エジプトの墓の壁画に描かれている【図3】。古代ギリシャの歴史家ヘロドトスは、こういった方法でナイル川河口沖の水深を測定し、約二〇メートルだったことを書き残している。(14)

水深を測定するということにかけて偉大な足跡を残したのは、ギリシャ神話の海の神の名を引くポセイドニウスである。地球のサイズを測定することにかけてはエラトステネスの後塵を拝したこの碩学は、紀元前一世紀頃イタリアの西方に浮かぶサルデーニャ島付近で一八〇〇メートルという水深を測定したと伝えられている。これは当時としては、桁違いに深い海を測定したことになり、この記録はその後一九〇〇年間にわたって破られることはなかった。

一世紀頃に書かれた『新約聖書』の中にも、測深に関する記述がみられる。

わたしたちがアドリヤ海に漂ってから十四日目の夜になった時、真夜中ごろ、水夫らはどこかの陸地に近づいたように感じた。そこで、水の深さを測ってみたところ、二十尋《ひろ》であることがわかった。それから少し進んで、もう一度測ってみたら、十五尋であった。わたしたちが、万一暗礁に乗り上げては大変だと、人々は気づかって、ともから四つのいかりを投げおろし、夜の明けるのを待ちわびていた。(15)

ちなみに二〇尋と一五尋は、それぞれおよそ三六メートルと二七メートルに当たる。当時、沿岸付近では、水夫たちが日常的に水深測定を行っていたことが窺える。

余談だが、一九世紀のアメリカの作家マーク・トウェイン（本名サミュエル・クレメンズ）は、若い頃ミシシッピ川で水先案内人として働いていた。水先案内人にとって、蒸気船を座礁させずに航行させることはもっとも大切な任務だった。蒸気船が安全に航行できる限界の水深二尋（およそ三・六メートル）になると、こんな掛け声を交わした。

By the mark, twain!（水深二尋！）

ふつう人が自力で潜ることができるのは、せいぜい三〇メートル程度にすぎない。一〇メートル潜るたびに一気圧ずつ上昇するから、水深三〇メートルといえども陸上の四倍もの圧力に耐えねばならない。

今日、素潜りの世界記録は二〇〇メートルに達する。映画『グラン・ブルー』のモデルになったジャック・マイヨールは、その類まれなる肉体によって人間のもつ潜在的な身体能力を命を懸けて証明した。その挑戦は、呼吸を一〇分以上にもわたって止めるだけではない。高い圧力による生理的な限界や、恐怖に立ち向かう精神力にまで及ぶ。そのため、厳しい鍛錬や特殊な技能が必要となる。マイヨールの努力と鍛錬のＤＮＡは、現代にまで受け継がれている。

ところが、マイヨールが記録した一〇五メートル、その後オーストラリアのハーバート・ニッチが記録した水深二一四メートルという驚異の記録といえども、海の表面をわずかにかすめた程度にすぎない。それよりも深い海は、潜水艇など特殊な技術を用いなければ，文字通り人の手の届かない未知の世界である。私たちは所詮大地にへばりついて暮らす陸上生物でしかないのである。

海の深さは、平均三六八〇メートルほどもある。[16] 富士山を沈めると、一〇〇メートルほどの小高い丘しか残らない。人間がふつうに潜ることができる三〇メートルとは、その一パーセントにも満たない。つまり、測深や潜水艇など海の中を観測する確かな技術が登場する以前、私たちは海の九九パーセント以上について無知同然だったということだ。

謎は冒険を生む。人を乗せて深い海に潜る「潜水鐘」と呼ばれる乗り物が発明されたのは、ずいぶんと昔のことである。潜水鐘とは、人が乗ってもしっかりフタができる大きな入れ物だ。基本的には、現代の潜水船と変わりない乗り物である。この技術は、紀元前四世紀のアリストテレスの頃にはすでに知られており、アリストテレスは次のような文章を書き残している。

青銅製の水槽を水中に降ろすことによって、潜水夫は呼吸をすることができる。当然その水槽は水ではなく空気で満たされ、潜った人にとって絶えず助けとなる。

歴史記録として知られている限り、この潜水鐘に乗ってまだ見ぬ世界に果敢にチャレンジした最初の人物は、アリストテレスの教えを直接受けたアレキサンダー大王である。

フェニキアを攻撃したアレキサンダー大王は、チレ（現在のレバノン）を包囲した際に、鎖で船に繋がれたガラス玉に入って海中に潜った。紀元前三三二年のことである。

この時、アレキサンダー大王が海底に到達したという話は伝わっていない。しかし海面下に広がる神秘の世界を垣間見たアレキサンダー大王は、次のような言葉を残した。

世界は呪われ、地獄に落ちた。大きくて強い魚が、小さな魚をむさぼり食べている。

時代は大きく下って、大航海時代のマゼランも、海がどのくらい深いのかという問題に少なからぬ興味を抱いていた。マゼランは、地球一周の大航海中、ポリネシアのツアモツ諸島の近くで水深を測定しようと試みている。

マゼランは、部下に命じて長さ四〇〇メートルほどの麻縄を用意し、船縁からその麻縄をそろりと降ろしていった。その先端には錘が結びつけられており、それが海底に達すると麻縄の張力が弱まる。その時の麻縄の長さがお目当ての水深というわけである。しかし、マゼランの麻縄の張力が弱まることはなかった。マゼランは、予想よりも海が深いことに驚き、まだ見ぬ世界への想像をさらにふくらませたのだった。

さらに時代が下り、二〇世紀になった。麻縄のロープは鋼線に変わったとはいえ、船縁から錘を降ろしていくというやり方に変わりはなかった。わが国でも、この方法は戦前まで広く用いられ、水路部（現海上保安庁海洋情報部）は一九二七年、マリアナ海溝南部において九八一八メートルという当時の世界最深部をこの測深法によって見出している。[17] その後まもなくソナーが普及したため、この数字は現在に至るまで、このいたって古風な測深方法での世界記録であり続けている。

海の深さを知るために、人々は昔からさまざまな知恵を試してきた。つい一〇〇年あまり前までは、マゼランのように長い麻縄や金属線の先に錘をつけた、お世辞にも「測器」と呼べないくらい原始的なシロモノを用いていた。それでも一九世紀が終わりを告げる頃には、世界の海から計一万点に及ぶ測深記録が集まった。[18] しかし、果てしなく広がる海を相手に、そんな悠長なやり方では海底の姿を描ききることなど夢のまた夢でしかなかった。

二〇世紀初めと言えば、物理学では相対性理論が生まれ、さらに量子力学が産声を上げた時代に重なる。化学では放射能が発見され、原子がもはや最小の単位ではなくなってしまったエキサイティングな時代だ。同じ時代に海を調べる研究は、肉体労働と勘に頼りきった前近代的かつ無骨な学問でしかなかった。ただ未知の世界を知りたいというフロンティア精神だけが、当時の海洋学者を支えた唯一の動機だった。

第二章　謎を解く鍵は海底に落ちていた

この道を行けば
どうなるものか
危ぶむなかれ
危ぶめば道はなし
踏み出せば
その一足が道となる
迷わずゆけよ

清沢哲夫「道」

ソナーの登場

勘と肉体労働に頼りきった海洋観測の時代にも、やがて幕が降りる時が来る。二〇世紀に入ると間もなく、ソナーが開発された。ソナーとは、音波を海底に向けて発信し、それが海底からはね返ってくるまでの時間を測って、海の深さを測定する機器である。私たちが遠くの山に向かって「ヤッホー」とやって、山までの距離を知るのと同じ要領だ。

海の研究者にとって都合のよいことに、海の中を伝わる音はあまり減衰しない。しかも水中で音が伝わる速さは、一秒間におよそ一五〇〇メートルもある。空気中の五倍近くのスピードだ。水中では、音は空気中よりもずっと遠くまで伝わるのである。

このことを利用してクジラやイルカは、遠くにいる仲間たちと会話することができる。光があまり届かない海の中では、情報交換における音の役割は、私たちが暮らす陸上に比べてずっと重要なのである。

海面から発した音が、海底で反射して戻ってくるまでの時間を正確に知ることによって測深できることは、すでに一九世紀初頭にフランスの研究者によって指摘されていた(1)。しかしそれも、人々の記憶からしばらく忘れ去られることになる。海の深さを測るのに、実際に音が利用されるようになるまで一世紀あまり待たねばならなかった。

氷山に衝突し、一五〇〇人あまりの犠牲者を数えたタイタニック号の悲劇が起きたのは一九一二年のことである。その記憶がまだ冷めやらぬ一九二〇年頃、ヨーロッパとアメリカ東海岸を往復する当時の船舶にとって、航路を漂う氷山をいち早く察知することは、安全航行上欠かせない技術だった。そこである技術者が、音波を用いて遠方に浮かぶ氷山を見つけようと試みたのである。そのとき、遠方の氷山だけでなく海底からも音波が返ってくることに気づき、期せずして音波が測深に使えることを知ったのだった。[2] 瓢簞から駒である。

一九二二年には、地中海に面したフランス南部の都市マルセイユからアルジェリアのフィリップビル（現在のスキクダ）まで、観測船がソナーをかけて航行した。ヨーロッパとアフリカを結ぶ海底ケーブルを敷設するための事前調査だった。当時は、イヤホンをつけた船上の観測員が、海底からはね返ってくる音を聞き取ってマニュアルで時間を測定するアナログな時代だった。もちろん、観測員の感覚に頼るところが大きく、測深の精度は悪かった。[3]

これを改良し、音波が海底からはね返ってくる時間を、人の手を借りずに正確に測定する技術が間もなく開発される。エレクトロニクス時代の幕開けを背景に、この頃からソナーを用いた音響測深法は日進月歩で進化していった。正確な測深技術の登場は、後の地球科学の発展にとって大きな布石となる。

海山の謎

一九四三年二月二〇日、ロサンゼルスの造船所で一隻のアメリカ海軍の輸送船が産声を上げた。第二次大戦の最中、五七〇〇トンのケープ・ジョンソン号はすぐさま、日本との激戦が続いていた太平洋戦線に配備された。その任務は、海兵隊員や多量の物資を戦地に送り届けることだった。日本の巨大戦艦武蔵が撃沈されたフィリピンのレイテ沖海戦、日本兵の生還率わずか四パーセントという死闘を極めた硫黄島の戦いを含む数多くの激戦地を、その後渡り歩くことになる。

ケープ・ジョンソン号の第三代艦長を務めたのは、戦前までプリンストン大学地質学科で教鞭を執っていたハリー・ヘスである。日本が真珠湾を攻撃した翌日、まだ予備役だったヘスに召集がかかる。しばらくニューヨークでの地上勤務を経た後、ケープ・ジョンソン号に乗り込んだのだった。

他の軍艦と同じく、ケープ・ジョンソン号には当時の最新技術だった音響測深器ソナーが備わっていた。それに目を付けたヘスは、西太平洋の戦闘地を渡り歩く間、絶え間なくソナーを駆使して海底地形の観測に没頭するのである。

ソナーは強い音波を発するため、ソナーを使って海底を調査すれば、自らの存在を周囲に広く知らせてしまう。輸送船といえども軍艦であることに変わりはない。戦時中にあるまじきことで

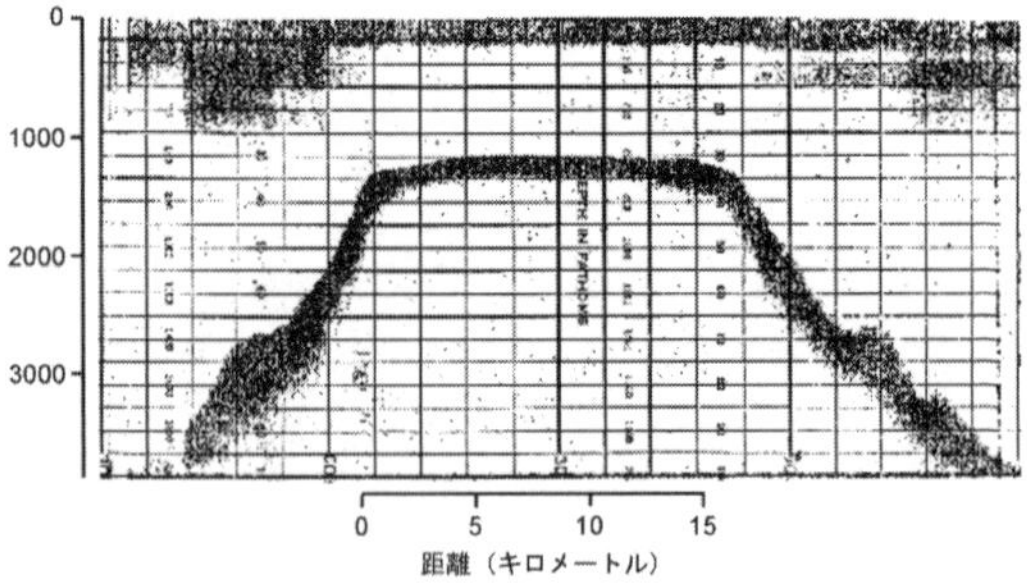

【図４】第二次大戦中にヘスが、中部太平洋のエニウェトク環礁近くで見出したギヨーのソナー記録。縦軸と横軸でスケールが異なることに注意。Hess（1946）（文献５）に加筆。

ある。しかしヘスは、攻撃の標的になりかねないという乗組員たちの危惧など気にもとめなかった。むしろ、音波を出し続けている方がかえって警戒されないはずだと妙な理屈をこねて、海底調査を続けることを命じたのである。[4] 結局、大戦中を通じてケープ・ジョンソン号は、日本軍に奇襲されることはなかった。多くの輸送船が海の藻屑と消えた大戦において、全くもって奇跡である。

変人の艦長は、激戦地となった西太平洋の島々に到着するたびに、さらにその真骨頂を発揮する。太平洋の孤島の成因に興味をもっていたヘスは、乗組員たちに命じて島のあらゆるところから石を集めさせた。部下たちは、時に砲火をくぐり抜けて、石を拾いに行かねばならなかった。[4]

ヘスはソナーを用いた海底調査を行ううち、不思議なことに気づいた。西部太平洋の深海底に高さ三〇〇〇メートルを超える海山が数多くそびえているのだ。しかも奇妙なことに、海山の頂上はテーブルのように驚くほど平坦だったのである【図４】。

終戦後、ケープ・ジョンソン号は一時和歌山港に停泊し、駐留米兵の本国帰還にも一役買った。兵役を解かれた時、ヘスの手元には多数の岩石試料とともにのべ数千海里に及ぶソナーの記録が蓄積されていた。その中に記録されている頂上の平坦な海山の数は、一六〇個にも達していた。

ヘスは母校のプリンストン大学に戻ると早速、戦時中に西太平洋で行った海底調査の結果をまとめ、論文として発表する(5)。その中で、頂上の平たい海山を報告した。論文中でヘスは、こういった海山のことを、プリンストン大学で最初の地質学教授となったアーノルド・ギヨー(6)の名を冠して「ギヨー」と名づけた(7)。

その後の調査によって、ギヨーは西太平洋の深海底に集中していることが知られるようになった。しかもギヨーの多くは、一億年ほど前の白亜紀と呼ばれる時代に出来上がった火山だった。さらに不思議なことに、ギヨーの平坦な山頂付近は、ほぼ例外なく死に絶えたサンゴ礁に厚く覆われていたのである。

サンゴ礁とは、サンゴ虫が藻類、つまり光合成をする植物と共に暮らす生物体だ。原色に溢れる美しいサンゴ礁の海では、白い炭酸カルシウムの殻をつくるサンゴ虫が主役である。しかしサンゴ虫は動物だから、自分たちだけでは生きていけない。生きていくのに日々餌を必要とするサンゴ虫にとって、サンゴ礁の海はあまりにきれいで、餌が足りない。そこで彼らは、巧みな戦略を考えついた。つまり、自ら作り上げた殻の中に藻類を同居させて、彼らから栄養をもらって暮らすのだ。働き者を養子に迎えて、楽して暮らすようなものである。都合のいい暮らしっぷりではあるが、養子の藻類にとってもメリットはある。サンゴ虫の中にうまく隠れて、天敵から逃れやすくなるのだ。こういうもたれ合いの関係は、生き物の世界では決して珍しいことではない。「共生」と呼ばれるこの生き方は、地球上に生命が生まれた三〇数億年前から、多くの生物が生き延びるためにとった戦略でもある。

とにかく光合成をする生き物が一緒に暮らす以上、サンゴ礁は光がたっぷり届く浅い海にしか形成されない。だから、光が全く届かない深海にあるのは、もはや死に絶えたサンゴ礁、つまりサンゴ礁の「化石」である。裏を返せば、そこがかつてたっぷり光の届く浅い海だったことを示唆している。海山の頂上は、かつて浅瀬だったのだ。平坦な頂上は、波による浸食を受けたと考えると辻褄が合う。

ダーウィンとサンゴ礁

熱帯、亜熱帯の太平洋には、美しいサンゴ礁が広がる島々が夜空の星のように散らばっている。海域によって、ポリネシア、ミクロネシア、メラネシアなどと呼び分けられるそういったサンゴ礁の島々を詳しく観察すると、三つの種類に分けることができる。

まず、島の周囲に張り付くようにサンゴ礁が発達しているものだ。専門家が「裾礁《きょしょう》」と呼ぶこのタイプの島は、タヒチやハワイなどといった比較的新しい火山島に多くみられる。

【図5】ダーウィンによって描かれた堡礁（上）と環礁（下）。堡礁ではヤシの木が生えた海面すれすれの細長い陸地が、中心の岩場を少し離れて取り囲んでいる。Darwin（1842）（文献8）より。

真ん中にぽつんと小さな島があって、サンゴ礁が作り出す細長い陸地が、島から少し離れたところをぐるりと取り巻いているものもある。これが「堡礁《ほしょう》」である【図5上】。

さらに、中心に島がなく、サンゴ礁でできた細い陸地だけが丸く閉じた紐のようにつながっているものもある。「環礁」である【図5下】。陸地に囲まれた真ん中の浅い海はラグーンと呼ばれる。エメラルド・グリーンの水を湛え、外洋から隔絶された穏やかな海だ。地球温暖化による海面上昇によって海没の危機に瀕するツバルは、典型的な環礁である。海面すれすれに丸くつながる細長い陸地は、まるで沈没寸前の回廊だ。

このサンゴ礁の三つの分類は、進化論で知られるチャールズ・ダーウィンによるものである。(8) 生物進化について大きな足跡を残したダーウィンは、サンゴ礁の成因についても鋭い観察眼を発揮した。

事の始まりは、一八三一年にまで遡る。年末にイギリスのプリマス港を出港し、マゼランばりに世界を西回りに一周したビーグル号の航海がその原点だ。若きダーウィンは、このビーグル号に無給の博物学者として乗船し、世界各地を巡るまたとないチャンスをえたのだった。

ビーグル号はおよそ五年の歳月をかけて各地を探検しながら世界を巡る。(9) ビーグル号が東太平洋に浮かぶガラパゴス諸島に立ち寄った際に、ダーウィンが行ったフィンチやゾウガメといった生き物の調査は、後にかの有名な進化論を確立するうえで重要な下地となる。しかし、ダーウィンが観察したものは、生き物だけではなかった。

オーストラリアの南を西進し、太平洋からインド洋に入ったビーグル号は、オーストラリア西岸沿いを北上する。行き先は、熱帯インド洋にぽつんと浮かぶココス諸島だった。当時すでにイギリス領になっていたココス諸島（現在はオーストラリア領）は、大小二つの環礁からなりたっている。ビーグル号が長い航海の疲れを癒すために碇を下したのは、大きい方の南キーリング環礁だった。ダーウィンらがプリマスを出航してからすでに四年四ヶ月もの歳月が流れていた。そこでもダーウィンは、生き物の調査の傍ら地質調査にも余念がなかった。

当時の地質学の教科書には、環礁とは火山のカルデラの上にサンゴ礁が形成されたものと書かれていた。[10] カルデラとは、火口の周囲にできた地形の高まりに囲まれた窪地のことである。しかしダーウィンは、ガラパゴスやタヒチを調査した時点ですでにその説明に疑問を抱き始めていた。ダーウィン自身のサンゴ礁島の進化についての新しい考えは、ココス諸島での地質調査によって確固たるものとなる。[9]

ダーウィンによると、まず火山島の周囲にサンゴ礁が形成され、裾礁となる。しかし火山島はゆっくりと沈降するため、海面上に顔を出す火山島自体はどんどん小さくなってゆく。その一方で、サンゴ礁は上方に成長を続け、裾礁から堡礁に、そして最終的には環礁へと「進化」していくという。

サンゴ礁島の進化を論じたダーウィンの論文は、ビーグル号がイギリスに帰還する前に、すでに出来上がっていた。後に、この論文は念入りな改訂を経て『サンゴ礁の構造と分布』というタイトルの本として出版される。[8] ダーウィンが帰国して六年後の一八四二年のことであった。

熱帯の海底で人知れず生まれた火山島のうち、頂上が海面にまで届いたものはサンゴ礁の島となり、その姿を徐々に変えていく。熱帯の海に浮かぶ島々の成り立ちについて、一七〇年も前に自然観察だけをもとに打ち立てられた理論は、後にその正しさが証明されることになる。

最初の本格的な試みは一八九六年のことだった。ロンドン王立協会が資金を調達し、ツバルのフナフティ環礁でボーリング調査が行われた。[11] このときは深さ三四〇メートルまで掘り進んだもののの、出てくるものはサンゴの化石ばかりで、その下にあるはずの火山本体に到達することはなかった。つまりフナフティ環礁は、少なくとも三〇〇メートルあまり沈降していたことになる。

さらに半世紀以上経た一九五二年、南太平洋に浮かぶエニウェトク環礁においてアメリカ原子力エネルギー委員会によるボーリング調査が行われた。水爆実験を行う前の地盤調査が目的だった。とはいえ、このボーリングはサンゴ礁の成り立ちを知る上でも重要な知見をもたらした。島の土台をなす火山の上に、なんと一四〇五メートルもの厚さをもつサンゴの化石が積み重なっていたのである。[12] つまりこの島が、サンゴ礁が形成されてから一四〇〇メートルほどすでに沈んできたことを示している。ダーウィンの予想通り、サンゴ礁の島は沈み続けており、その間サンゴ礁は離れゆく海面に引き離されまいと上向きに成長し続けていた。しかし、いつしか力尽きてしまった。

長い歳月を経るうちに、サンゴ礁の美しい島々は海面下深くへとすっかり姿を消してしまう。サンゴ礁がいったん光の届かない深さに沈んでしまうと、サンゴ礁に暮らすあらゆる生き物たちは死に絶える。しかし「山」としての一生は、海面から姿を消した後も続く。平坦な頂にサンゴ礁を乗せた海山は、人知れずゆっくりと暗闇の海の中を沈んでゆく。もしサンゴ礁が死に絶えることがなければ、ギヨーの多くは今でもサンゴ礁の美しい島々として西太平洋に数々の楽園を形成していたに違いない。惜しいことである。

サンゴ礁は、炭酸カルシウムという白い鉱物の塊だ。だから、もし海から水を取り除くことができるとしたら、そこには真っ白な「雪」を頂に乗せた「富士山」がそこここにそびえ立つ奇観が現れることだろう。

数多くの調査によって、ダーウィンの沈降説は少しずつ裏付けられていった。エニウェトク環礁のボーリングは、ダーウィンがサンゴ礁島の成因について思いを巡らせたビーグル号の航海からすでに一世紀以上の時を経ていた。科学とは、多くの場合こういう息の長い作業で、ドラマチックな発見や発明はむしろまれなケースなのである。

プレートの真ん中にぽつんと生まれた島々が時間とともに徐々に沈降していくメカニズムは、ダイナミックな地球の営みが深く関わっている。ヘスが初めてギヨーを見出してから、その成因が明らかになるまで、そう長くはかからなかった。ギヨーが科学者の間で話題になり始めた頃、科学革命の足音はすぐそこにまで迫っていた。

地球の表面はジグソーパズル

一九六〇年、ヘスは満を持して「海洋底の歴史」と題する論文を発表した[13]。その中で、大陸移動説を再び表舞台へ引きずり出すのである。かつてアルフレッド・ウェゲナーが提唱したものの、他の研究者たちからほとんど相手にされなかった学説である。今度は、大陸移動説と呼ぶより、

「海洋底拡大説」と呼んだ方がお似合いだった。

時代はヘスに味方した。ソナーによる海底観測のデータが蓄積し、海底の様子が少しずつ明らかになってきただけではない。その当時は、新しい海洋観測技術や機器が数多く開発され、これまで誰も手にしたことがないデータが次々と生まれた時代だった。それらの結果は、おもしろいほどヘスの考えを裏付けるようなものばかりだったのである。

若い研究者たちは先を競うように古い考えを捨て、新しい考えに同調した。守るべきものがない若者たちの特権である。ヘスの論文に触発され、地球の謎の解明に情熱を燃やす若者たちが、自由な発想とともに海底の調査研究に乗り込んできたのだ。小さな一歩はみるみる膨れ上がり、大きなうねりとなった。プレート・テクトニクス理論が完成するのに、もはやそう時間はかからなかった。謎を解く鍵は海底に落ちていたのである。

地球の表面は、まるで子供用のジグソーパズルだ。「プレート」と呼ばれる十数枚の固い岩盤のピースが組み合わさって、この星の表面は出来上がっている。たかだか十数枚のピースだから、幼い子供でも簡単に作り上げてしまうだろう。

各々のプレートは、「海嶺《かいれい》」と呼ばれる海底山脈で生まれている。そこでは、左右に引き裂かれていく海底の隙間を埋め合わせるように、地球内部からマグマが湧き出している。一〇〇〇℃ほどの高温のマグマが海水に触れて急冷し、固まって新しい海底となる。

このようにして新たに生まれた海底と同じ面積の海底が、プレートの反対側で別のプレートの下に沈み込んで帳尻が合っている。つまり一枚のプレートの中では、海嶺に近いほど最近の時代にできた海底で、逆に海嶺から離れるほどより古い時代に生まれた海底である。海溝で地球内部に沈み込んでいくのは、たいがい古い時代にできた海底だ。

たとえば、日本列島の東側には、太平洋のほとんどを含む広大な太平洋プレートが広がっている。この太平洋プレートは元はと言えば、はるか彼方の太平洋東部を南北に延びる東太平洋海嶺で生まれたものだ。気の遠くなるほど長い時間をかけて太平洋を横断し、日本列島の東側を南北に延びる日本海溝でゆっくり沈み込んでいる。現在沈み込みつつある海底は、まだ陸上に恐竜が闊歩していた一億年以上前に生まれたものだから驚きだ。数年前に東日本大震災を引き起こした大地震も、そんな太古の海底が日本列島の下に沈み込むことによって引き起こされた。

プレートが移動するスピードを正確に推定することは、かつて難題中の難題だった。大陸移動説を提唱したアルフレッド・ウェゲナーは、その著書『大陸と海洋の起源』[14]の中で、当時各地で盛んに行われていた経度測定をもとに、ヨーロッパとアメリカが遠ざかりつつあるスピードを推定した。ウェゲナーがはじき出した数字の中でも、ヨーロッパに対するグリーンランドの推定速度は特に速く、年間一一〜三六メートルというものだった。

ウェゲナーが大陸移動説について考え始めたのは、今からちょうど一〇〇年ほど前の二〇世紀初頭のことである。ウェゲナーの大陸移動説には当時から少数の支持者はいた。しかし、当時の地質学者や地球物理学者たちの常識によると、地球表面の動きは基本的に鉛直方向であった。それは地球が年齢とともに冷えつつあり、収縮することにより引き起こされているというものだった。

当時は、地球内部でエネルギーを生み出すウランやカリウムなどの放射性元素（第八章参照）についての知識がまだ十分ではなかった。そのため、巨大なプレートを動かすエネルギー源が見当たらなかったのである。ウェゲナーの考えに反対した人たちが必ずしも頑迷で、古臭く、懐古的な研究者だったというわけではない。受け入れるだけの下地が十分に整っていなかっただけのことである。

地球収縮説を頑なに否定するウェゲナーは反感を買った。そもそもウェゲナーは気象学者であり、天文学者だった。地球科学の研究に精通していたとはいえ、所詮正統な地球科学者とは距離のある立ち位置だった。大陸移動説を論じる場では、ヨーロッパだけでなくアメリカでも強硬な反対意見が大勢を占めた。結局ウェゲナーの大陸移動説は、ごく一部の研究者を除いて顧みられることすらなくなってゆく(15)。

それでも一九二九年『大陸と海洋の起源』の第四版を出版したウェゲナーは、翌一九三〇年、彼自身四度目となるグリーンランド調査に赴く。一九三〇年といえば、ニューヨーク株式市場の大暴落の翌年に当たる。世界恐慌の足音は、ヨーロッパにもすでに聞こえ始めていた。そもそもドイツは、第一次世界大戦の敗戦によって莫大な賠償金を課せられていたため、その頃すでにひどいインフレに苦しんでいた。しかしドイツ政府は、ウェゲナーに現在のレートに換算すると一億円以上に相当する研究資金を与えたのである。

ただし、大陸移動説を評価したからではない。グリーンランドに気象観測基地を設けるための調査に資金を与えたのである。ウェゲナー自身は、将来そこで精密な経度測定が行われれば、ヨーロッパに対するグリーンランドの移動速度が正確に測定され、大陸移動説が裏付けられるはずと目論んでいた。

大量の荷物を犬橇で運ばねばならない調査の行き先は、グリーンランドのほぼ中央に位置するキャンプ地だった。もちろん周囲には氷以外何一つ存在しない「絶海の孤島」だ。

その年の夏、運悪くグリーンランドは天候不順に見舞われた。ウェゲナー一行がグリーンランド西岸の基地を出発し、標高約三〇〇〇メートルのキャンプ地に何とか荷物を届けたのは、予定より五週間遅れのことだった。彼らに残された時間は僅かしかなかった。五〇歳の誕生日を手狭なキャンプの中でささやかに祝った後、間もなくウェゲナーはイヌイットの助手とともに再び西岸の基地に向けて徒歩で引き返す。グリーンランドがすでに厳しい冬にさしかかろうとしていた一一月初旬のことだった。しかし、ウェゲナーの運はすでに尽きていた。

結局、彼らが西岸の基地に現れることはなかった。グリーンランドに再び夏が巡ってきた半年後、ウェゲナーの遺体は捜索隊によって発見される。基地とキャンプ地のほぼ中間地点に埋葬されていた。同行した助手が埋葬したのだろう。死因は、過労による心臓発作と推定された。ウェゲナーに同行した助手の遺体は、現在も見つかっていない。

後に明らかになったことだが、グリーンランドがヨーロッパから離れていくスピードは、一年間にわずか二センチメートルほどにすぎない[16]。ウェゲナーが推定した数字よりも三桁も小さな値だ。二〇世紀初頭における経度測定の精度は、ウェゲナーが考えていたよりずっと悪かったのである。

何千キロメートルも離れた二地点間の距離が、髪の毛が伸びるよりゆっくりとしたスピードで伸び縮みすることを正確に捉えることは、至難の業と言わざるをえない。しかし、科学の神様はしばしば思いがけないところで啓示を与えるのである。

時代を先取りしすぎた研究

たとえすばらしい研究成果だったとしても、科学の世界においてすぐに高い評価を得るとは限らない。科学といえども所詮人の営みにすぎない。評価されるには、その成果を受け入れるだけの学問の下地がなければならないし、時代の雰囲気にマッチしていることも必要だ。科学の歴史を紐解けば、ウェゲナーのようにこのギャップで割を食った科学者は数知れない。

第二次大戦前から戦中にかけて、京都大学で教鞭を執った松山基範もその一人である。松山は当時、日本列島や日本の占領下にあった朝鮮半島と満州から採取した火山岩に記録されている磁気を測定していた。現在の地球上では、当然のことだが方位磁針のN極の針は北を、S極の針は南を指す。これは地球自身が磁石になっており、北極付近がS極で、南極付近がN極になっている証拠でもある。しかし松山は、大昔の火山噴火によってできた岩石の一部に、現在の地球磁場とは逆向きの磁場を記録しているものが少なからずあることに気づいたのだった。[17]

地磁気がかつて逆転していたことを松山が見出した一九二〇年代は、地磁気の正体すらほとんどわかっていなかった。そのわずか二〇年ほど前には、かのアインシュタインでさえ地磁気の起源を当時の物理学の謎の一つに挙げていたほどだ。松山は、地磁気がかつて逆転していたことを発見した功績によって一九三二年（昭和七年）に学士院賞を受賞する。[18] しかしこの発見のもっとも重要な応用が知られるようになるのは、三〇年以上後のことである。

前の章で述べたことだが、地球の中心部を形作るコアは、鉄やニッケルなどの金属でできている。コアは高温のためその多くがドロドロに融けていて、融けた金属が対流することによって電流が生じ、磁場が生まれている。専門家の試算によると、そこには数十億アンペアという莫大な電流が流れている。私たちの足下奥深くには、天然の電力が大量に秘められているというわけである。多くの国がエネルギー供給に四苦八苦する二一世紀にあって、何とも皮肉な話である。とにかく、地球は棒磁石のような永久磁石ではなく、巨大な電磁石なのである。電磁石である以上、それが生み出す磁場の強さは容易に変化するし、場合によっては方向だって変わる。

実は、松山が地磁気の逆転現象を発見する二〇年以上前に、フランスのベルナール・ブリュンヌがすでにこのことを発見していた。[19] 松山はブリュンヌの発見を知らずにこのことを再発見したのである。

松山は、一九五八年に七三歳で世を去る。ブリュンヌや松山が見出した地磁気の逆転現象が、研究者の世界で広く認められるようになるのは、松山が亡くなる頃の話である。そして、鬼籍に入った松山と入れ換わるように、プレート・テクトニクスにおけるその重要性が知られるようになる。

後の研究によると、現在と同じく北極がS極で南極がN極だったのは、今から七八万年前までの話だ。それから二五八万年前にまで遡る期間は、今とは逆の磁場、つまり北極がN極で南極がS極だった。さらに昔へ遡ると、再び現在と同じ向きの磁場になる。三五八万年前から二五八万年前のことである。このように地球は、その長い歴史を通して磁場の向きを幾度となく反転させていたのである。

現在、松山基範の名前は、二五八万年前から七八万年前に至る地磁気が逆転していた時代を指す「松山逆磁極期」として残されている。また松山逆磁極期が終わった七八万年前以降は、「ブリュンヌ正磁極期」と呼ばれている。

新しい海底が日々生まれる海嶺で、その材料となるのは地下から湧き出るマグマだ。マグマの中には、磁石となる鉄やチタンがいくらか含まれており、マグマが冷え固まる時にうっすら磁気を帯びる。そしていったん固まってしまえば、磁場の記録が上書きされることはない。つまり海底は、それができた時の地球の磁場を記憶するテープ・レコーダーというわけだ。日々生み出される海底は、長年にわたって磁場の変化を記録し続けてきたのである。

海底に記録されているこの微弱な磁場を測定する特殊な磁力計が開発されたのは、一九五〇年代半ばのことである。まるで商品のバーコードのような地磁気の逆転を記録した縞模様が深海底から見出されると、[20]その縞の幅を元にプレートが移動するスピードを割り出すことができる。このようにして推定されたプレートの移動速度は、いずれのプレートも年間数センチメートルというゆっくりとしたものだった。

現在、プレートの移動速度はさらに洗練された技術で測定することもできる。VLBI（日本語に訳すと「超長基線電波干渉法」となる）と呼ばれる技術である。もともと天文学で用いられていた技術で、宇宙はるか彼方のクエーサーからやってくる微弱な電波をアンテナで捉えるというものだ。地球上の離れた二地点でそのシグナルの時間差を正確に測定すれば、距離に換算することができる。驚くべきことに、原子時計を使えば一〇〇〇億分の一秒というきわめてわずかな時間を正確に測定することができる。これは一秒間に地球を七周半も回る光が、わずか数ミリメートル進むのに相当する時間にすぎない。

この技術を駆使して観測された茨城県の鹿島とハワイを結ぶ精密な距離をもとに、両者は一年間におよそ八センチメートルというスピードで近づいていることが明らかにされた。[21]一九八〇年代半ばのことである。ウェゲナーが命を賭して証明しようとしたことが、わずか半世紀後にはすばらしく洗練された方法で、文字通り寸分の狂いもなく測定できるようになった。もしウェゲナーが生きていたとしたら、どんなコメントを残したことだろう。ここでもやはり、技術革新が科学の進歩を後押ししたのである。

沈む海底

プレート・テクトニクスによると、海底を形作るプレートは時間とともに水平移動していくだけではない。プレートと呼ばれる岩盤は、移動とともに少しずつ分厚くなっていく。海嶺で湧き出したマグマが海水に冷やされてプレートが出来上がった当初、プレートとはほんの薄っぺらいものにすぎない。プレートの下には、熱を帯びて部分的に融けた岩石層が広がっているから、プレートとはまるでその上に浮かぶ筏である。しかし、プレートの下にある熱い物質も時間とともに冷やされ、固まってプレート下面に少しずつ付け足されていく。プレートは時間とともに太っていくのである。底に錘をつけた筏が沈むように、プレートは太るにつれて少しずつ沈んでいくことになる。

たとえば太平洋の場合、東太平洋を南北に走る海嶺は、頂の水深が三〇〇〇〜四〇〇〇メートルである。しかし、生まれてから一億年を経た古い海底は水深五〇〇〇メートルを超えている。つまり、一億年の間に一〇〇〇〜二〇〇〇メートルも沈んだことになる。とはいえ、平均すると年間わずか一ミリメートルの五〇分の一〜一〇〇分の一という気が遠くなるほど悠長なスピードだ。もちろん、海底からそびえ立つ火山島もろとも沈んでいく。かつて美しいサンゴ礁をまとっていたであろう島々は、かくしてギヨーへと姿を変えていったのである。

地球の営みを思い描くには、私たちが普段の生活で知らず知らずのうちに身につけてしまった時間の感覚をすっぱり切り替えなければならない。時の偉大さに、もっと敬意を払わねばならないのである。

ヘスが西太平洋で見出したギヨー、ダーウィンが見抜いたサンゴ礁島の一生、松山が発見した地磁気の逆転。一見、何のつながりもないようにみえる個々の観測事実がひとつながりになって、地球の表面を支配する総合理論へと発展していった。小さな点が線になり、その線が集って面になり、やがてふくらみをもつ立体へと成長していく様を追いかけることは、まさしく科学の醍醐味を味わうのに申し分のない追体験となるのである。

第三章　海底が見える時代

火山というものは、よくすすはらいしておきさえすれば、爆発なんかしないで、しずかに規則ただしく煙をはくものなのです。火山の爆発は、煙突の火とかわりありません。この地球の上では、ぼくたち人間が、あんまり小さくて、火山のすすはらいするわけにいかないことは、いうまでもありません。だから、ぼくたちは、火山の爆発のために、さんざ、なやまされるのです。

サン＝テグジュペリ『星の王子さま』

救世主現る

船が進む航路に沿って海の深さを一点一点調べていく。ソナーは、開発された当初こそ画期的な測器だったとはいえ、こんな悠長なやり方では、やはりいつまでたってもこの広い海を調べ尽くすことなどできっこない。ある研究者が試算したところによると、このやり方で世界中の海底を調べ尽くすまで数百年はかかるという(1)。

実際に一九八〇年頃までは、ごく一部の海域を除いて、海底地形図とはかなり大雑把なものにすぎなかった。数十キロメートルよりも細かな地形となるとまるであやふやで、芦ノ湖のない箱根、カルデラのない阿蘇山を見るようなものだった。海底がどのような景色をもつ場所なのかについて、私たちはろくにイメージすらできなかったのである。

しかし一九八〇年代に入って、二つの救世主がほぼ同時に現れる。サイドスキャン・ソナーとシー・ビーム(2)である。

サイドスキャン・ソナーは、一九八〇年にアメリカ海軍から「放出」された技術である。この技術を用いた海底観測は、まるで子犬を連れて海を散歩するかのようだ。船の後方に小型のロボットを曳航し、その小型ロボットからは、扇形に広がる音波が海底に向けて発信される。音は、岩盤が露出しているような固い海底面からは強く反射されるのに対し、細粒の泥が溜まっているようなところでは吸収され、反射は弱くなる。こういった音の性質をうまく利用して、海底を可視化するのである。まるで海底の「航空写真」を撮るようなものだ。

サイドスキャン・ソナーの原理は、第二次大戦直後にアメリカに移住したドイツ人技師によって編み出された。この技術の有用性を見抜いたアメリカ海軍は、長らくその技術を開示せず、その特許を軍の機密として扱った。おかげで海の研究のツールとしてお目見えするまで、三〇年以上も待つはめになった。

サイドスキャン・ソナーによってえられる画像からは、海底に分布する岩礁や溶岩などが手に取るようにわかる。海底に敷かれた電話線ケーブルの様子をチェックすることもできれば、沈んだ船や墜落した飛行機など人類の落とし物を見つけることもできる。

サイドスキャン・ソナーが科学界に登場した頃、シー・ビームと呼ばれる画期的な測深技術も現れた。シー・ビームとは、ソナーと同じく音波を使った測深技術だ。しかしその特徴は、指向性の強い多数の音波ビームが船底から海底に向けて扇形に発信されることだ。音波は短い間隔で絶え間なく発信されるため、航路に沿った幅数キロメートルの海底について詳細な地形図を一気に描くことができる。

こういった観測技術のおかげで、研究者たちをあっと驚かせるような海底の赤裸々な姿が次々と明らかにされていった。海底にあるのは、ゆるやかな傾斜をもつ丘や泥の降り積もった平坦な海底面だけではない。奇妙な形をした急峻な山や何千メートルも彫り込まれたグランド・キャニオンばりの峡谷がそこここにある。

【図6】アメリカ・マサチューセッツ州沖300キロメートルあまりの海底にあるベアー海山のシー・ビームによる地形図。水深3000メートルあまりの海底から2000メートルほどの高さでそびえている。頂上が平坦で、典型的なギヨーであることがわかる。引用元：http://en.wikipedia.org/wiki/Guyot

これらの技術開発とほぼ同時期に重なるコンピューターの発達も忘れてはならない。大量のデジタル・データを生み出すサイドスキャン・ソナーやシー・ビームは、コンピューターによる高速のデータ処理を抜きにして語ることはできない。時々刻々得られる大量のデータに、波による船体や曳航体の揺れや浮き沈みを逐一補正することによって、鮮明な画像や確かな水深を得ることができるのだ。

そういったデータをさらに処理して、私たちの直感に訴える美しい画像にすることにも心血が注がれてきた。【図6】は、火星から送られてきた画像ではない。シー・ビームによって調査されたギヨーの姿である。深度に応じて色付けされるだけでなく、海底がコンピューター・グラフィックスによって三次元イメージに変換されている。影をつけて立体感が出るような工夫もこらされている。プレート・テクトニクスの産みの親ハリー・ヘスが、七〇年前に初めて見出した平坦な頂上をもつ海山の全貌が、いまや手に取るようにわかる。

最近では、海底を自由に「旅する」ことだってできる。海底の地形をお好みの角度から眺めれば、そこに秘められた地球の営みが自ずと浮かびあがってくるものだ。海底の三次元イメージという「景色を眺める」のと、等深線だけが描かれた無機質な海底地形図を見るのとでは、イメージの膨らみ方がまるで違う。二一世紀の地球科学者は、海底を気ままに散策しながら地球の営みについて思いを馳せるのである。

サイドスキャン・ソナーとシー・ビームは、二〇世紀後半に生まれた数ある革新的な海底観測技術のほんの二つの例に過ぎない。海底を調査するさまざまな技術は日進月歩で、現在も休むことなく進化し続けている。かつて麻ひもに錘をつけただけの道具しかなかった無骨な科学は、いつしか最先端の技術が闊歩する分野へと脱皮していたのである。

驚くべきことに、最新の海底調査は宇宙からも行われる。もし海底に山があれば、そこには余計に多くの岩石、つまり重さをもつ物質があることになる。ニュートンの万有引力の法則によれば、重い物ほど強い引力をもつ。だから海底にそびえ立つ山の直上の海面は、周囲の海水を呼び込んでわずかに高くなっている。

例えば、水深五〇〇〇メートルの深海底から標高四〇〇〇メートルの山がそびえているとしよう。すると直上の海面では、重力が三〇〇ミリガルほど大きくなる。三〇〇ミリガルとは、私たちが日々縛られている重力のわずか〇・〇三パーセントにすぎない。私たちの感覚ではとうてい捉えることなどできない小さな違いである。しかし、重力がわずかに増えることによって周囲から海水が集まり、海面は三メートルほど盛り上がる。海面のほんのわずかな凹凸を衛星から捉えることによって、その下に潜む海山を探し当てることができるのだ。

このやり方はいくらか誤差をともなうものの、飛行機は船よりも桁違いにスピードが速いため、短時間で広域をカバーすることができる。この新しい技術によって、標高一〇〇〇メートルを超える海山が、世界中の海底に一万個あまり存在することが知られるようになった。[1] おかげでそれまで海図に示されていた海山の数は一気に倍増した。わずかこの一〇年ほどのことである。二一世紀になっても、いっぱしの山が数千個も発見される海底は、そこがいまだに探検に値する場所であることを如実に物語っている。

とにかく、多くの人々の想像に反して、深海底はアバタや傷跡だらけだった。静々とマリンスノーが降り積もってゆく静謐な場所という先入観は見事に打ち砕かれた。ソナーを用いた海底の詳しい調査が始まった一九三〇年代に、海底を深く彫り込んだ海底谷を発見した研究者は、当時の論文に驚きをこめて次のように記したものだ。

深海の景色に、単調、退屈、寂しさといったものはどこにも見当たらない。(3)

地球の表面の七割は海水に覆い隠されている。残りの三割の調査だけで地球全体を語ることなどできっこない。これまで流れた汗の粒だけ新たな知識が生まれ、長年にわたる努力の積み重ねによって、知識は幾重もの束として結実した。それだけではない。知識の束はどんどん膨らみ、人々の脳裏に染みついた古い考えをひっくり返すほど強烈な一撃にまで昇華したのである。

多額の資金を必要とする海洋観測機器の開発の歩みには、科学的な動機というよりは、応用的な背景が重要な役割を果たしてきたことがわかる。特に国家安全保障と直結する軍における研究が、少なくとも技術面においては科学界の数歩先を歩んできた。科学者は長らく二番手に甘んじ、海軍のお下がりで我慢する時代が続いた。

しかし近年、その構造も徐々に様変わりしつつある。第二次大戦が過去のものとなり、米ソの冷戦が終わりを告げ、先進国での軍縮が進んだことがその背景にある。グーグルから資金援助を受けたディープ・オーシャン・エクスプロレーション・アンド・リサーチ社は最近、全面ガラス張りの驚くべき深海潜水艇を開発した。この潜水艇で、世界の研究者とともに各地の深海を探査するだけでなく、海洋生物の保全、科学の啓蒙など海にまつわるさまざまな活動を行っている。

映画『タイタニック』のジェームズ・キャメロン監督は、一人乗りの潜水艇ディープ・シー・チャレンジャー号を共同で開発し、自らそれに乗り込んで、世界最深のマリアナ海溝チャレンジャー海淵に潜った。二〇一二年のことである。半世紀前、スイス人の海洋探検家ジャック・ピカールらが、米軍の支援を受けて建造した潜水艇「トリエステ」で潜って以来のことだ。ヴァージン・グループのカリスマ会長リチャード・ブランソンも自らの財産をはたいて潜水艇を作り、近い将来五つの海の最深部を自ら探検することを計画している。

こういうことは、かつてなかったことである。個人や企業が深海探検を行う時代の幕が、ようやく切って落とされようとしている。二一世紀の今でも、深海が多くの魅力と謎を秘めた人類のフロンティアであることが広く知られるようになってきた証と言えるだろう。

現代のトレジャー・ハンティング

一九八〇年代に科学界にデビューしたサイドスキャン・ソナーは、科学者に大きな恵みをもたらした。海底を可視化する技術が、地球の営みの理解にこれほど役立つとは開発者自身とて思いもしなかったに違いない。またその一方で、科学以外の世界でもしばしば用いられ、科学に特に興味のない人々をも驚かせてきた。最たる例が、沈没船探しである。

世界に数ある沈没船のうち、最もよく知られているのはヒット映画にもなったタイタニック号だろう。タイタニック号が実際にカナダ・ニューファンドランド沖の深海底で発見されたのは一九八五年のことである。タイタニック号の残骸を執念で発見した海洋地質学者ロバート・バラー

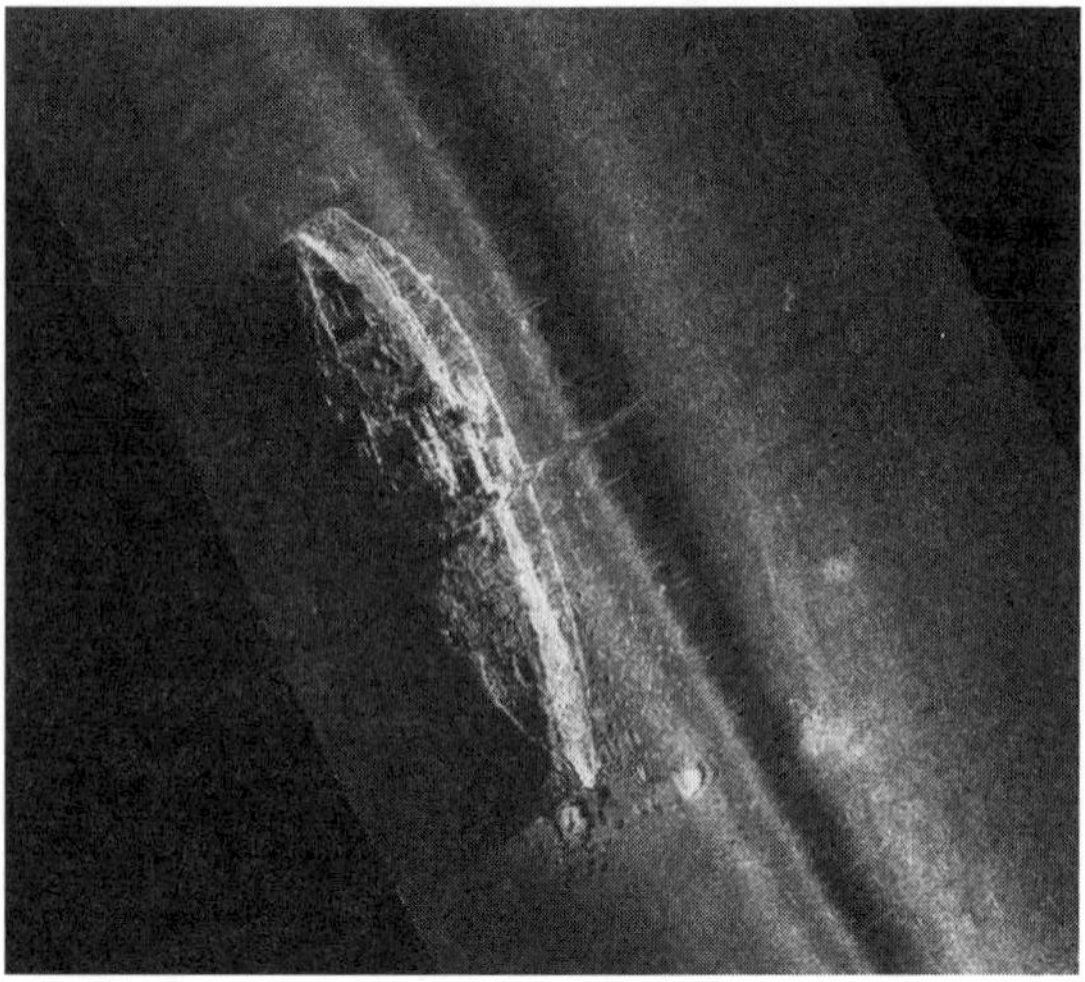

【図7】サイドスキャン・ソナーによって捉えられた海底の沈没船。沈船は、マサチューセッツ州沖で1898年に沈没した蒸気船ポートランド号。
引用元：http://oceanexplorer.noaa.gov/explorations/03portland/logs/sept13/sept13.html

ドは、当時科学者たちが手にしたばかりのサイドスキャン・ソナーを駆使してタイタニック号の発見にこぎつけた[4]。

海底にごろりと横たわる沈没船の船体は、木や鉄の塊でできている。音波を強く反射する沈没船は、サイドスキャン・ソナーの画像にくっきりと浮かびあがる【図7】。サイドスキャン・ソナーほど、沈没船の探索に役立つ道具はない。

船が沈没する理由は、氷山に衝突することだけではない。嵐による遭難、戦争による撃沈、船同士の衝突などの事故、それに廃棄処分などごまんとある。場合によっては、お宝が一緒に沈んでいることだってある。一攫千金を狙う山師たちにとって、夢と魅力にあふれた世界である。

一八〇四年にジブラルタル海峡沖でイギリス海軍の攻撃を受けて沈没したスペイン船ヌエスト

ラ・セニョーラ・デ・ラ・メルセデス号から、一七トンにも及ぶ銀貨が引き上げられたのは二〇〇七年のことだ。この銀貨の引き上げに成功したのは、オデッセイ・マリーン・エクスプロレーション社というアメリカの企業である。海底から引き上げられた膨大な量の銀貨には、なんと四〇〇億円を超える値段がついた。これには、さすがにスペイン政府も黙ってはいなかった。オデッセイ社との間で裁判になり、結局これらの銀貨はスペインの国家財産ということで決着をみた。

近年では、オデッセイ社のように沈没船のトレジャー・ハントを専門業務とする企業がいくつも生まれている。お抱えの科学者や技術者をもつ企業もあり、その本気度には驚かされる。かのオデッセイ社は二〇一三年には、メルセデス号を大きく上回る六一トンの銀の延べ棒を、アイルランド南西沖四七〇〇メートルの深海底に横たわる難破船から引き上げている。この沈没船は、一九四一年にナチス・ドイツのUボートの魚雷によって沈められたイギリスの貨物船ゲアソッパ号である。引き上げ品の評価額の八〇パーセントが同社の取り分、という協定をイギリス政府と結んだうえでのトレジャー・ハンティングだった。

わが国の近海にも多くの船が沈んでいる。特に第二次大戦終盤には、軍艦だけでなく貨物船や商船も数多く沈没した。沖縄決戦に向けて回航中に九州南西方の東シナ海で撃沈された巨大戦艦大和や、建造途中に熊野灘で連合軍の魚雷を受けて沈んだ巨大空母信濃、多数の学童を乗せて疎開先の長崎に向かう途中で撃沈された貨物船対馬丸などはよく知られている。特に対馬丸の沈没では、七〇〇名あまりの学童が犠牲になり、その悲劇が語り継がれてきた。

現在、戦艦大和は東シナ海、男女群島の南方一七〇キロメートルあまり、水深三四五メートルの地点に沈んでいることが、サイドスキャン・ソナーの調査から明らかになっている。戦艦大和の引き上げを画策する人たちがいる一方で、遺族の反対により引き上げは今も行われていない。最近フィリピンのシブヤン海の海底において、マイクロソフトの共同創業者ポール・アレン率いるチームによって戦艦武蔵も発見された。今後その引き上げが議論されるだろうか。

かつてマルコ・ポーロによって「黄金の国ジパング」と紹介された日本の近海では、昔から多くのお宝が行き来した。中には運悪く沈没したものもあっただろう。近い将来、日本近海に沈むお宝を引き上げるプロジェクトが登場するかもしれない。

海底に潜む巨大火山

詳しい海底調査によって見出された巨大火山もある。高い水圧でキャップされている海底とはいえ、海底下から噴き出すマグマは、それを押し返すだけの十分な力を持っている。海底でも激しい火山噴火は起こるのだ。

鹿児島県・大隅半島の先端は、本土最南端でもある。この佐多岬からは、視界が晴れれば南に屋久島、北西には開聞岳を望むことができる。急峻で荒々しい屋久島と、富士山を一回り小さくしたような美しい円錐形のフォルムをもつ開聞岳は、ある種の対照性をもって対峙している。とところが、佐多岬から遠く望むそれらの山々と同じほどの距離に、かつて巨大噴火を起こした火山があることに気づく人はいない。なぜなら、それが海面に隠されているからである。屋久島と開聞岳を結ぶ直線のちょうど中間点付近に、研究者が「鬼界カルデラ」と呼び慣わす巨大な火山体が海面下に潜んでいるのである。薩摩硫黄島と竹島という二つの小さな島が、カルデラ壁の一部として海面上にわずかに顔を出しているにすぎない。

ちなみに薩摩硫黄島は、この地方の人々から長らく「鬼界ヶ島」と呼び慣わされてきた。この名前にピンときた人もいるに違いない。平安時代末期、鹿ヶ谷で行われた謀議に加わったかどで罰せられた俊寛らが流された火山島である。(5) 俊寛らを悩ませたのは、都への郷愁と火山からやってくる硫黄臭だった。それから八〇〇年以上を経た今でも火山活動が活発で、島の中央部から白煙が立ち昇り、硫黄臭が島全体に漂っている。島の周囲は、海底から噴出する多量の火山性物質のため、しばしば茶褐色や乳白色に変色している。魚を寄せ付けないこの変色した海は、島流しに遭った俊寛がただでさえ舐める辛酸をさらに過酷なものにしたに違いない。

海底に潜む巨大カルデラの全貌が明らかになったのは、シー・ビームの観測によって詳細な海底地形が知られるようになったつい最近のことである。海上保安庁による調査の結果、直径が二〇キロメートルにもおよぶ巨大なカルデラが姿を現した。中心の火口は、薩摩硫黄島の南東方向およそ一〇キロメートルのところにある。中心火口の水深は数十メートルと非常に浅いが、その周囲は五〇〇メートルほど凹んでいて典型的なカルデラを形作っている。噴出したマグマの分だけ凹んだ地形がカルデラだから、巨大なカルデラをもつ鬼界カルデラは、かつて大量のマグマを噴き出したことを物語っている。

鬼界カルデラの最近の巨大噴火は、今からおよそ七三〇〇年前に起きた。その時の噴火はあまりに激しく、海中にあった火山体が大規模な地滑りを起こし、巨大な津波を引き起こした。津波は九州南部の沿岸部を次々と襲い、当時、海岸沿いで暮らしていた縄文人の集落は全滅した。同時に大量の火山灰が大気中に高々と噴き上げられた。その時の火山灰は、七〇〇キロメートルほど離れた大阪でも二〇センチメートルほど降り積もり、二〇〇〇キロメートル近く離れた北海道でもうっすらと積もった。横浜に暮らす私の足下にも、厚さ数センチメートルの赤っぽい地層として見ることができる。[6]

噴火口に近い南九州地方ではもちろん分厚く積もっており、地面を一〇センチメートルほど掘り起こすと、一メートル近くの厚さをもつ赤っぽいガラス質の火山灰に当たる。宮崎地方の農民は、耕作に適さないこの赤っぽい火山灰層を、恨みをこめて「アカホヤ」と長らく呼び慣わしてきた。

いつしかこの名前は、日本中に降り積もった鬼界カルデラ由来の火山灰を指す用語になった。興味深いことに南九州地方では、アカホヤが降り積もる前の地層から出土する縄文土器は、アカホヤ後の地層から出土するものとかなり異なった模様と形態をもっている。[7] 火山噴火が当時の文化にも大きな影響を与えたのだろうか。

アカホヤを生んだ海底に潜む巨大なカルデラ（凹地）を、海底調査がほとんど行われていなかった一九四〇年代に予言していた研究者がいる。熊本大学で長らく教鞭を執った松本唯一《ただいち》である。松本は、東京帝国大学在学中に九州の火山調査を指導教官から命ぜられ、それ以降九州の火山をくまなく調査することに生涯を捧げた。そのフィールド調査は鹿児島県の大隅半島の南方に浮かぶ離島にまで及んだ。薩摩硫黄島とその傍らに浮かぶ竹島の地質調査と、ほんのわずかの海の測深データだけから、海底に巨大なカルデラが存在するという結論を導いた。(8) 驚くべきことである。しかも松本が予言したカルデラの位置と大きさは、後にシー・ビームを用いた詳しい海底地形の調査結果と比べてもほとんど寸分の狂いもなかった。

松本が九州で見出した巨大カルデラは、それだけではない。桜島の北側の鹿児島湾奥部と、南側に広がる鹿児島湾の湾口部にも、直径が二〇キロメートルほどの巨大なカルデラがあることをはじめて指摘した。

鹿児島湾奥のカルデラは「姶良《あいら》カルデラ」と呼ばれ、これまた鬼界カルデラに匹敵する巨大噴火を二万九〇〇〇年ほど前に起こしている。桜島はこの姶良カルデラの南壁の一部をなしていることになる。姶良カルデラが起こした巨大噴火による火山灰も、アカホヤ同様日本列島中にまき散らされた。姶良カルデラの中心部の海底には、現在でも若尊《わかみこ》と呼ばれる巨大噴火を起こした火口がある。(9) そこからは、三万年近く経た今でも火山ガスが噴出され続けている。

もちろんわが国でもっとも知られているカルデラと言えば、熊本県の阿蘇山である。阿蘇山は、直径およそ二〇キロメートルの巨大なカルデラをもち、現在知られている陸上のカルデラとしては世界でも有数のものである。九万年ほど前に起きた阿蘇山の大噴火は、大量の火山灰をまき散らすだけではなかった。地を這う灼熱の火砕流が、あらゆるものを焼きつくしながら現在の山口県にまで達した。

巨大な火山噴火は、人々の暮らしだけでなく、政治や経済、そして文化活動にも大きな影響を及ぼす可能性を秘めている。

エーゲ海に浮かぶテラ島（サントリーニ島）は、紀元前一六二〇年頃に大噴火を起こしたことが知られている。この噴火で、クノッソス宮殿などで知られるミノア文明は、五〇〇年余りに及んだ繁栄に幕を降ろした。中国ではちょうどこの頃、夏王朝が倒れ殷王朝に代替わりしている。これはテラ島の噴火による気候変動が究極的な引き金になったというまことしやかな説まである(10)。

巨大噴火の影響は、人類社会が今後間違いなく直面する問題になるだろう。これについて、過去に起きた巨大噴火の記録は重要な証言となる。

巨大噴火の影響

一九九一年四月、フィリピン・ルソン島のピナツボ火山が四〇〇年の眠りから目覚めて唸り声をあげた。二〇世紀最大となる火山噴火は、六月一五日午後に絶頂期を迎え、天まで届くかのような巨大な噴煙を上げた。ピナツボ火山のあるルソン島中央部は間もなく深い闇に包まれ、不気味な轟音と天を切り裂く稲妻とともに、まるでこの世の終わりのような様相を呈した。

ピナツボ火山が周囲の陸地や大気中にまき散らした大量の軽石や火山灰は、総量一〇立方キロメートルに達した。暗闇の中、天から絶え間なく降り注ぐ大量の火山灰に、周囲の町はまたたく間に埋もれてしまった。火山灰の被害がそれほどひどくなかった下流の町でも、雨が降ると大量の火山灰を含んだ泥流が一気に押し寄せて、瞬く間に飲み込まれてしまった。火山灰はフィリピンだけにとどまらず、貿易風に乗ってベトナム、マレーシア、インドネシアにも降り注いだ。

火山が噴火する直前は、火口直下で小さな地震が頻発するものだ。マグマが、地下深部にあるマグマ溜まりから火口に向けて上昇するとき、岩石を破壊しながら進むためである。マグマが火口直下にやってくると、今度は山体が膨張しはじめる。こういった前兆現象のおかげでピナツボ火山の噴火は、火山学者によって予知されていた。山麓で暮らしていた人々には的確な避難指示が出されたため、火山噴火自体による死者は三〇〇名余りと、噴火の規模のわりには少なかった。とはいえ、この噴火によって、家や農地を失った人々は一二〇万人に達した。

二〇世紀最大の火山噴火が与えた影響は、地域的なものにとどまらなかった。直径が数マイクロメートルという目に見えないほど細かな塵や、二酸化硫黄をたっぷり含む火山ガスを大気中に大量にまき散らしたのである。それらは噴火時の上昇気流に乗ってどんどん上昇し、高度三四キロメートルにまで達した。

大気中を漂う細かい塵は、雨がきれいに洗い流してくれる。細かい塵や硫酸などの化学物質は、雨粒が成長するときに水分子が集う核となるからだ。雨が降った翌日、空気が澄んで遠くの山まで見通すことができるのは、視界を遮る細かい塵や化学成分が雨とともに大気中から除去されるからである。花粉やPM2・5も、雨粒の核になる。ただし、雨が降ったり風が吹き荒れたりするのは、「対流圏」と呼ばれる地表から高度約一〇キロメートルまでにすぎない。

その対流圏の外側を覆うのは「成層圏」である。四〇キロメートルほどの厚さをもつ成層圏では、空気は薄いものの、その名が示す通り大気が成層している。つまり、高度が上がるにつれて空気が軽くなっていて対流が起きない。成層圏の上部にあるオゾン層が、太陽からやってくる紫外線を吸収して温度が上昇するためだ（オゾンの濃度は、たかだか〇・〇〇一パーセント程度にすぎないのだが……）。対流が起きないおかげで、雲ができたり雨が降ったりすることはほとんどない。

こんな成層圏にいったん紛れ込んでしまった細かい火山灰は、簡単に掃除されることなく長らくそこで浮遊し続けることになる。成層圏に浮かぶこの細かな粒子に太陽光が当たると、光は散乱する。おかげで一九九一年のピナツボ火山噴火後から数年間にわたって、空を焦がすような美しい夕焼けが世界各地で見られた。

その影響は、地球全体の気候にも及んだ。成層圏中にまき散らされた火山灰は太陽からの光を遮り、地球の表面を少しだけ冷やしたのである。詳しい観測によると、北半球の平均気温は〇・五℃ほど低下し、その影響は噴火後三年間に及んだ。(11)

〇・五℃とは、大した数字ではないと思うかもしれない。真夏の最高気温が三五℃から三四・五℃に下がったところで、暑いことには変わりはないから当然の感想だろう。しかし気候とは、様々な要素が複雑に絡み合った結果として生じる産物である。数学的に言うなら、非線形な連立方程式の一群として表現されるものだ。つまり平均〇・五℃の気候変動とは、多くの場所では大した変化をもたらさないかもしれないが、思わぬところで増幅されて現れる。

　ピナツボ火山が大噴火を起こした二年後の一九九三年、日本列島の夏は軒並み天候不順だった。七月が過ぎ八月になっても、梅雨前線は一向に北上する気配がなく長雨が続いた。九州以北では梅雨明け宣言はついに出されずじまいだった。記録的な冷夏と日照不足でコメが不作に陥り、細川政権のもとタイ米などが緊急に輸入された。読者の中にも当時の騒動を覚えておられる方も多いだろう。厳密な意味で因果関係を明らかにすることは難しいとはいえ、科学者の多くはピナツボ火山の噴火の影響が、一九九三年夏に起きた異常気象の遠因にあると睨んでいる。

　もちろん噴火の規模が大きくなればなるほど、こういった人間社会への影響はより深刻になる。長い歴史を辿っていけば、ピナツボ火山をしのぐ巨大な火山噴火は何度も起きてきた。

　気候変動という観点から、歴史上もっとも広く知られているものは、インドネシアのタンボラ火山が一八一五年に起こした大噴火だろう[12]。ジャカルタの東一二〇〇キロメートルあまりに位置するタンボラ火山の噴火は、その年の四月五日夕刻から始まった。この噴火は、エネルギー量にしてピナツボの五〇倍に達し、噴出した火山灰などの総量は一六〇立方キロメートルにも及んだ。

これは四〇キロメートル四方の土地が厚さ一〇〇メートルもの火山噴出物に覆われるのに匹敵する。

空高くまで噴き上げられた火山灰は、貿易風に乗ってどんどん西へ広がり、その影響はヨーロッパにまで及んだ。ハンガリーでは茶色い雪が降り、イタリアでは赤い雪が降った。とはいえ本当の問題はやはり、成層圏に達した大量の細かい火山灰だった。

翌年になると、各地で異変が起き始めた。特にアメリカ東海岸では「夏のない年」と呼ばれる記録的な異常気象に見舞われた。アメリカ東海岸のニューイングランド地方では、真夏というのに季節外れの寒波に何度も襲われた。特に内陸部では、七月や八月にも雪が降り、湖が凍りついた。こういった天候不順は、ニューイングランド地方の当時の新聞や人々の日記に数多く残されている。(12) 異常気象のおかげであらゆる農作物は軒並み凶作で、主食の小麦やトウモロコシの価格は急騰した。ニューヨークにおけるこれらの価格は、噴火前の二倍近くにまで跳ね上がった。人々が西海岸へ移住するきっかけにもなった。

タンボラ火山の噴火が引き起こした異常気象は、文化にも影響を及ぼした。怪奇小説『フランケンシュタイン』と『吸血鬼』は、それぞれイギリスのメアリー・シェリーとジョン・ポリドリによって書かれたものだ。タンボラ火山が噴火した翌年の一八一六年七月、スイスのジュネーヴ近郊の湖畔の別荘で休暇をとっていたシェリーとポリドリらは、冷夏と長引く雨に辟易して怪奇小説を書いて競い合った。その結果生まれたのが、この二つの物語である。

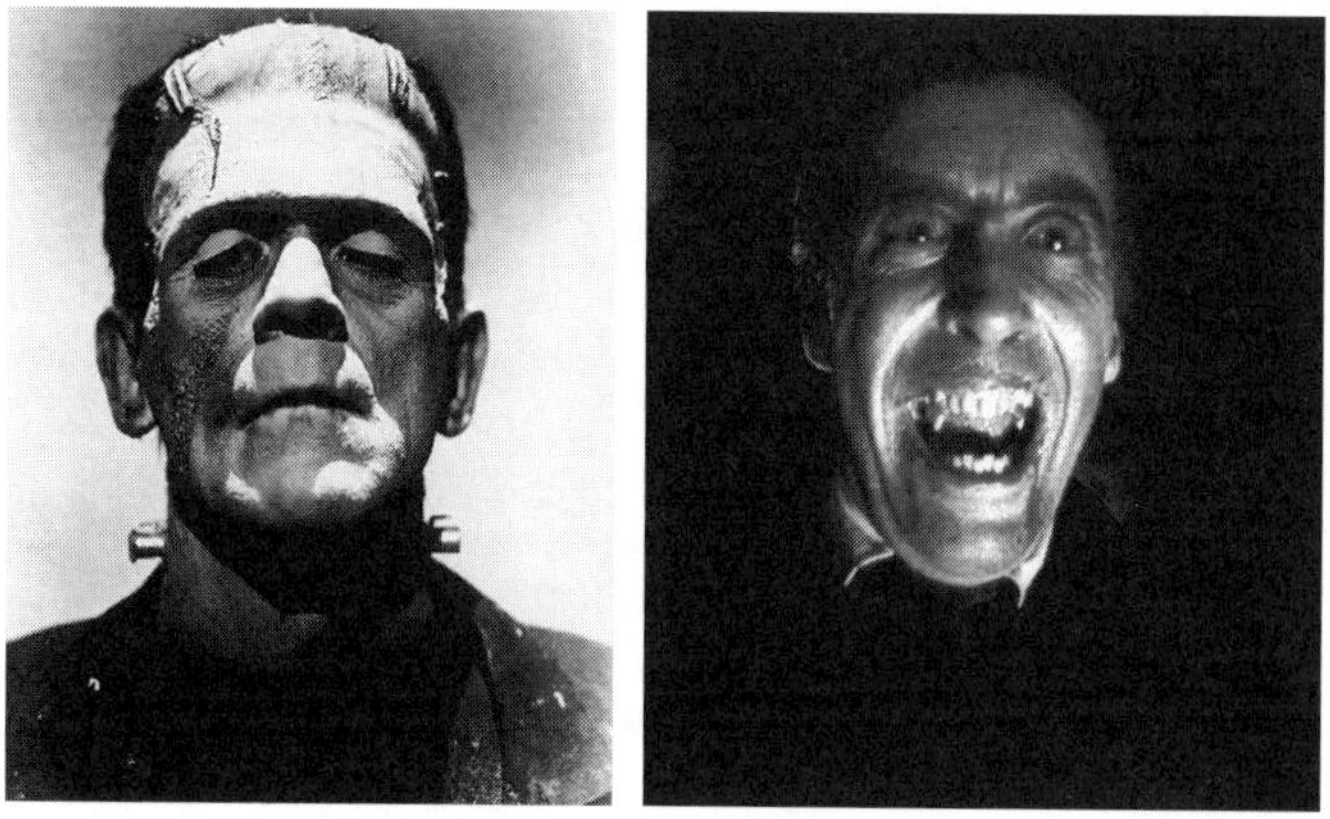

【図８】タンボラ火山の噴火が引き起こした異常気象は、文化にも影響を及ぼした。メアリー・シェリーによる『フランケンシュタイン』（左）と、ジョン・ポリドリによって書かれ、後にリメイクされてヒットした『吸血鬼ドラキュラ』（右）は、いずれもタンボラ火山の噴火の翌年に書かれたものである。
引用元：http://ja.wikipedia.org/wiki/フランケンシュタイン，http://aurorasginjoint.com/Dracula

筆者は一八一六年の夏を、ジュネーヴ近郊で過ごした。この年の夏は寒く雨がちで、夜ともなると、赤く燃える暖炉の周囲に集まって、たまたま手に入れたドイツの幽霊物語を楽しんだ。こうした物語に刺激を受けて、筆者は遊び半分で、似たような物語を書いてみようと考えたのである。[13]

『フランケンシュタイン』の序文にはこのようにある。一方で『吸血鬼』は、後にアイルランドのブラム・ストーカーによって、怪奇小説

『吸血鬼ドラキュラ』として焼き直され大ヒットしたのだった【図8】。

タンボラ火山が噴火したのは、日本では文化一二年、一一代将軍家斉《いえなり》の治世である。化政文化花盛りの一方で、飢饉や米騒動などの記録は特に見当たらない。気候のもつ非線形性のおかげで、幸いにして日本では大して影響を受けなかったようである。

世に世界記録や史上最大と呼ばれる類のものは、その本質として、対象とする期間を長くとればとるほど記録は伸びる。つまり過去を遡っていけば、より大きな火山噴火に出くわすはずだ。わずか二〇〇年を振り返っただけで、ピナツボ火山やタンボラ火山のような例があるから、過去数万年あるいは数億年と桁違いに長い時間スケールでみたとき、想像を絶するほどの巨大噴火に出くわすと考えることは決して間違いではない。

第四章　秋吉台、ミケランジェロ、石油

しかし、一体事実とは何だろう、あの一切が後の祭りの事実とは。
私は幻のなかにいるような気がした。

小林秀雄『考えるヒント』

白亜の時代

イタリアや南仏、そしてギリシャなど南ヨーロッパの街並みは、私たち日本人が生まれてこの方見慣れたそれとはひと味もふた味も異なるものだ。実際に行ったことはなくても、風景画や写真などで多くの人にとってお馴染みのものだろう。私の家の居間にも、イギリス人の放浪画家ケリー・ハーレムの手による一枚が掛かっている。異なる印象を生み出す一因は、「白い町並み」や「白い風景」である。

このような景観は、地質学者に語らせるなら白亜紀のおかげということになる。「白亜」とは今や古《いにしえ》の言葉だが、平たく言えば「チョーク」のことである。つまり固くなりきっていない石灰岩であり、私たちが学校の教室で長らく慣れ親しんだ、黒板に線を引いたり字を書くのに適した例のものだ。

何の変哲もないチョークの一片を電子顕微鏡で覗いてみよう。そこには、その退屈な外観からは想像もつかないような目眩めく世界が広がっている。直径わずか数マイクロメートルという小さな殻に驚くほど精巧な細工が施された、美しくも可憐な化石が無数に積み重なっているのだ。

【図9】炭酸カルシウムの殻を作る植物プランクトン、円石藻の写真。チョークや石灰岩は、直径約5マイクロメートルというこの微小な生き物が作り出す殻化石が積み重なってできたものである。
引用元：http://www.soes.soton.ac.uk/staff/tt/

微小な化石は、一つ一つの原子の並びに至るまで細かくコントロールされた天然の芸術作品なのである【図9】。

　チョークがさらに固くなれば、少々ベージュがかった白色の石灰岩になる。パリの凱旋門やロンドン塔、それにインドのタージマハルなど、石灰岩を石材として用いた歴史的建造物は、洋の東西を問わず数え上げればきりがない。

　わが国には残念ながら、大規模な石灰岩地帯はない。とはいえ、例外はつきものだ。例外のうちもっとも広く知られているのは、おそらく山口県の秋吉台だろう。遠目には羊の群れにみえる石灰岩の岩体や、迷路のように入り組んだ鍾乳洞、あるいはセメントの産地などとして知られるところだ。

　秋吉台は、もとはと言えば海底から聳え立つギヨーの頂上に乗った石灰岩である。第二章で述べたように、海底で生まれる火山は、サンゴ礁を周囲にまとった火山島をふりだしに、南国の楽園である環礁を経て、最終的にギヨーになる。サンゴ礁島としての一生を終えて、深海にひっそり佇む死の山と化しても、その上を分厚く覆ったサンゴ礁は化石として残る。深海には、こんな海山がごまんと分布しているのだ。

プレートに乗ってゆっくりと移動するギヨーは、プレート上に数千メートルも突き出た出っ張りだ。海溝でプレートが別のプレートの下に沈み込もうとすると、引っかかってしまう。海溝では、プレートは凄まじい力で地球内部へ引き込まれているので、少々の引っかかりなどものともしない。プレートの端で引っかかった海山は、まるでカンナをかけられるかのごとくプレートからはぎ取られてしまう。はぎ取られた海山はずたずたに切り裂かれ、もうひとつのプレートの端に張り付くことになる。それが長い時間をかけて陸化したものが秋吉台というわけである。

秋吉台と同じ成因をもつ石灰岩は、実は全国に点在している。わが国屈指の良質セメントを産み出してきた秩父の武甲山や、琵琶湖の東側に白い山肌を見せる伊吹山などはその好例である。太古の南国の楽園の数々は、悠久の時を経て私たちの足元に広がる大地と一体化しているのである。岩手県南部の山中に分布する石灰岩に目を付けたのは、大正から昭和初期にかけて名作童話を数多く残した宮沢賢治だった。農業技師でもあった賢治(1)は、岩手県南部の山中でとれる石灰岩を肥料に混ぜ込んで、痩せた土地の改良を試みたのである。

石灰岩は、そのままの形で利用されるだけではない。石灰岩を高温で熱して作られる石灰もまた様々な用途に使われている。天然の石灰岩から得られた石灰を細かく砕いて水に混ぜると、両者は重合してセメントになる。漆喰やモルタルなどとして広い用途をもつセメントは、古代エジプトではすでに傑出した建築用の接着剤だった。日本で最初の民間セメント工場は、秋吉台にほど近く、天然の良港に恵まれた山口県山陽小野田市（当時は、厚狭郡西須恵村）に建設された。

さらにそのセメントで砂や砂利を固めたものがコンクリートである。現在、地球上でもっとも多量に使われるこの建設資材も、その多くは白亜の時代の恩恵である。コンクリートの外面は漆喰で塗り固められることも多いから、石灰岩は現代の建設現場においてそれこそ八面六臂の活躍である。

石灰岩が地中深くで地熱の作用を受けて変質すると、大きな結晶をもつ大理石になる。ご存じの通り、高級ホテルのロビーのピカピカの床などに使われる高級石材だ。英語では「マーブル」とも呼ばれる。面白いことに、マーブル中には太古の海に暮らしていた生き物の化石をしばしば見ることができる。化石マニアたちの間では、どこどこのホテルのロビーやトイレの壁に、アンモナイトなど美しい化石の断面があるといったことが、しばしば語られる。

ちなみに、水でゆるめた石灰に顔料を混ぜ込み、まだ乾ききっていない漆喰の上に絵を描く画法はフレスコ画として知られる。末永く保存が利く画法で、晩年のミケランジェロがバチカン宮殿のシスティーナ礼拝堂の壁一面に描いた『最後の審判』は代表作のひとつだ。かつてイタリアを旅した文豪ゲーテは、その巨大な壁画に出会い、長らく語り継がれる一言を残した。

一人の人間が成しうる偉業の大きさを知りたいと思う者は、この絵の前に立つがいい。[2]

石灰岩は、世紀を超えた文化の伝承にも一役買ってきたのである。

フランス南西部のラスコー洞窟で一九四〇年に発見された壁画は、先史時代にヨーロッパに暮らしていたクロマニヨン人が、シカや牛などを豊かな表現力で描いたものだ。石灰岩の洞窟だったからこそ、一万五〇〇〇年もの時の試練に耐え、描かれた絵は当時の色彩のまま残された。まさしく天然のフレスコ画だったのである。ヨーロッパに広く分布する石灰岩は、この地に芽生え大きく育った文明や文化とは切っても切り離せない関係にある。

もし地球史から白亜の時代がぽっかり抜け落ちていたとしたら、現代社会を形作る文化や景観はかなり異質なものとなったに違いない。

白亜紀がもたらした恵みは、石灰岩やセメントだけではない。現代文明にとって欠くことのできないエネルギー源ももたらした。二一世紀の今、人類は日々一五〇〇兆キロジュールという膨大なエネルギーを消費し続けている。その三割あまりは石油を燃やすことによるものである。[3]そして、世界中で消費されている石油の半分以上は、白亜紀の海底に広くたまった一風変わった堆積物に含まれている有機物が自然環境中で「熟成」されてできたものなのである。

私たちが消費する電力は、石油や石炭を燃やして生じた熱で巨大なタービンを回して作られている。また石油を蒸留すれば、灯油やガソリンといった燃料が得られる。石油は、私たちの生活を維持する重要なエネルギー源であるとともに、身の回りのさまざまな製品の原料にもなってきた。道路の舗装に用いられるアスファルト、プラスチックやポリエステルといった石油化学製品はもちろんのこと、ゴムやクレヨン、化粧品に至るまでありとあらゆるものが石油から作られている。風邪を引いたときに飲む薬の成分まで石油から作られていることをご存じだろうか？　いまや、私たちの身の回りで、石油を用いていないものを探す方が難しいくらいだ。白亜紀は、地球史四六億年のうちわずか二パーセントにも満たない。しかし、まさに現代文明を根元で支える恵みをもたらした時代なのである。

淀んだ海の黒いヘドロ

いまだに中世のたたずまいを色濃く残すイタリア中部の町グッビオ。入り組んだ石畳の細い道と、その両側に迫る石造りの建物が印象的なこの小さな町から車でわずか一〇分ほどのところに、大型ブルドーザーが石灰岩を切り出している巨大な石切り場がある。「コンテッサの採石場」として知られる地質学者たちにとってメッカのひとつだ。[4]　一億四五〇〇万年前から六五〇〇万年前にいたる白亜紀をほぼすべてカバーする地層が露出しているからだ【図10】。つまり、地球の歴史の八〇〇〇万年分がそっくり拝める珍しい場所である。

もとはといえば水深二〇〇〇メートルほどの海底にたまった堆積物である。しかし、悠久の時

【図10】イタリア中部にあるコンテッサの大露頭。白亜紀のほぼすべてをカバーするこの露頭は、地質学者たちにとってメッカのひとつになっている。写真右上から左下に延びる黒い地層が1億2000万年前ごろに深海底にたまったヘドロ、黒色頁岩である。写真：白尾元理

を経て小さな粒子のひとつひとつは固く結びつき、巨大な岩体にまで成長した。大地の動きは、その岩体を標高五〇〇メートルの地にまで持ち上げた。もともと水平にたまった地層がいくらか傾いでいるのは、ブーツ形をしたイタリア半島を生み出した地殻変動の賜物だ。

石灰岩が次々と切り出されているコンテッサの露頭には、黒い地層が何枚も挟まれている。それは炭のごとく黒く、ペラペラと薄くはがれることから、「黒色頁岩《けつがん》」（頁岩とは読んで字のごとく、本の頁《ページ》のようにペラペラとはがれる岩のこと）あるいは単に「頁岩（シェール）」と呼ばれるようになった。写真の中央に見える幾筋もの黒色頁岩は、今からおよそ一億二〇〇〇万年前の深海底に溜まったものである。白亜紀の白さを醸し出す石灰岩の中

にあって、真黒い地層はひときわ引き立って見える。

しかし黒色頁岩の特徴は何といっても、大量の有機物が含まれていることである。写真の黒い地層には、もっとも多いところで四〇パーセントほどの有機物が含まれている(5)。有機物とは、生き物が作り出す炭素や水素からなる物質のことである。私たち自身も、骨や歯を除けば有機物の塊に他ならない。つまり黒色頁岩には、生き物の遺骸がたっぷり含まれているのだ。

こういった有機物は、私たちを取り巻く環境のように、酸素ガスがたっぷりと含まれているところでは化学的にきわめて不安定だ。酸素と反応して、簡単に水と二酸化炭素に分解してしまう。この分解は、そこここに数限りなく潜むバクテリアによって触媒される。バクテリアたちにとって、有機物とはおいしい餌に他ならない。有機物の匂いを嗅ぎつけて、どこからともなくやってきた連中が、有機物に喰らいつき始めると、あっという間に増殖してしまう。真夏の夜に冷蔵庫に入れ忘れた食べ残しは、翌朝には臭いを発している。ましてや二〜三日ゴミ箱に入っていた生ゴミは、もはや説明の必要もない。「生ゴミ」という有機物にバクテリアが大量に繁殖し、強烈な臭いをもつ有機酸やアンモニアといった物質を生み出したからである。

これが二〜三日どころではなく、たとえば一年も放っておくとどうだろう。あまりお勧めできない実験だが、そこにあった有機物はほとんど跡形もなくなってしまうはずだ。もとの有機物はもちろんのこと、それを食べたバクテリア自身が作り出した有機酸などもさらに分解されて、二酸化炭素と水に変わるからだ。みなバクテリアに食い散らされた挙句、人畜無害な物質となって空気中に戻ってしまうのだ。

このように考えると、一億年もの長きにわたって、大量の有機物がバクテリアによって分解もされずに残されていること自体奇跡的といえる。いったいどうすれば、大量の有機物を微生物や化学的な分解から守ることができるというのだろう?

まず、酸素ガスが豊富にある環境ではだめだ。酸素ガスは、有機物を食べるバクテリアの多くが呼吸するのに必要とするものだ。有機物を食べつくすバクテリアの活動を抑え込むためには、酸素ガスをなくせばよい。つまり海が淀み、ヘドロが溜まるような無酸素の海だ。こんなことから、地質学者は黒色頁岩が堆積した時代のことを「海洋無酸素事変」と呼び慣わしてきた[6]。

地質記録によると海洋無酸素事変は、白亜紀の中でもある特定の時期に世界的な広がりをみせた。特に一億二〇〇〇万年前と九四〇〇万年前に起きた二回の海洋無酸素事変は、有機物の濃度、分布範囲の広さという点で、長い地球史の中でも最大級のものだ。

海洋無酸素事変の研究には、一九六八年以降世界中の海底に孔を掘り続けてきた「深海掘削計画」が大きな役割を演じてきた[7]。船体の中央部に巨大な櫓を備えた海底掘削船は、まるで海に浮かぶボーリング・マシーンである。海底に分厚くたまった堆積物をどんどん掘り進んでいくとわかる。九四〇〇万年前と一億二〇〇〇万年前という時間面に達すると、必ずや有機物をたっぷり含んだ真っ黒な地層にぶち当たるのだ。

こういった黒色頁岩から石油が生み出されていることは、今や科学的にも証明されている。しかし陸上に分布する黒色頁岩から、そのままでもよく燃える油がしばしば浸み出していることから、このことは経験的にも長らく知られてきたことだ。人類が地下から石油を汲み出すことに成功する以前、黒色頁岩を「材料」にした人工液体燃料が作られた時代があった。

頁岩から燃料を造る

一九世紀半ば、スコットランドの首都エジンバラと最大の都市グラスゴーの間に広がる田園地帯ウェスト・ロージアンは、世界のエネルギー史における革命の一つの舞台となった。後にジェームズ・「パラフィン」・ヤングと呼ばれる一人の男が、この地方で採れる頁岩から燈火の燃料や蒸気機関の潤滑油となる油「パラフィン」を生み出す技術を開発したのである。一八四〇年代後半のことだ。

グラスゴーで生まれ育ったヤングは、地元の大学で化学を学び、一時期大学で実験助手として働いた。しかし化学を実世界に応用するという興味も捨てがたく、当時のベンチャーとでもいうべき化学工業の道に進むことを決心する。才能に恵まれていたこの若者は、間もなく錫の製錬法や、飢饉を引き起こすジャガイモ疫病の対策といった化学の応用法を相次いで見出し、その名を広く知られるようになる。

一八世紀半ばにイギリスで始まった産業革命の波はその頃、スコットランドの片田舎にも着実に浸透していた。ヤングは、当時高騰していた蒸気機関の潤滑油を安価で得るための画期的な方法を開発する。ヤングが編み出した方法とは、細かく砕いた頁岩を炉の中で熱分解して液体の油を作るというものだ。ウェスト・ロージアンで採れる頁岩は、液体燃料を得るうえで特に適した材料だった。このようにして作られた油「パラフィン」は、当時クジラや植物の種などから採られる油よりも安い価格で取引されたため、あっという間に潤滑油だけでなく、燈火の燃料としても広く用いられるようになった。スコットランドで作られるパラフィンは、巧みな特許戦略によって、イギリスはもとよりヨーロッパ諸国やアメリカでも保護された。おかげで、ヤングに巨万

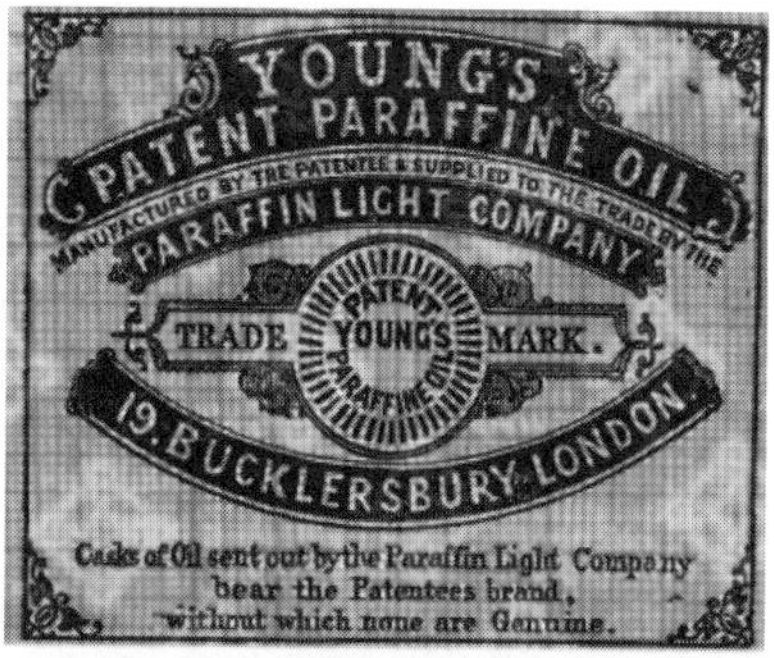

【図11】黒色頁岩から作られた油「パラフィン」のラベル（上）と、スコットランドにしばしば見られるパラフィンを作った後に廃棄された頁岩の山（下）。写真は「ファイブ・シスターズ」と呼ばれるウェスト・ロージアンにある頁岩の山。今やスコットランドの風景にすっかり溶け込んでいる。
引用元：http://www.panoramio.com/photo/20210016

の富をもたらすことになる【図11】。

一八六四年にヤングの特許がスコットランドで失効すると、ここぞとばかり多くの燃料製造工場が立ち並ぶことになった。各工場はしのぎを削り、その結果パラフィンの製法にも徐々に改良が加えられ、また潤滑油や燈火以外にも洗剤、絵の具、肥料などといった新たな製品が作られるようになる。頁岩から生みだされるもののリストは年々増えていったのである。

二〇世紀に入っても、スコットランドではヤングの方法を用いた液体燃料が作られ続けた。この地域全体で生み出される油量は、第一次世界大戦が始まる直前の一九一二年に最盛期を迎え、一万人を超える雇用を生み出した[8]。第一次世界大戦後、乱立した燃料製造会社は国によって統合され、これが現在の石油業界を支配するスーパーメジャーの一つBP（ブリティッシュ・ペトロリアム）の前身となる。二〇世紀半ばに中東で大油田がいくつも発見され、安価な石油が大量に市場に出回るようになるまで、国によって保護された企業が頁岩から作るこの液体燃料は、スコットランドの経済を潤し、夜を照らし続けるのである。

その後も世界中に分布する黒色頁岩は、現代社会に福音をもたらし続けてきた。中東の大油田も、その起源の多くは白亜紀の黒色頁岩だ。長期間にわたって地熱で温められてきた黒色頁岩中の有機物はじわじわと熟成し、石油として生まれ変わったのである。ヤングが開発した技術とは、あたかも自然を早回しするようなものだった。

スコットランドで起きた一件には、現代社会に暮らす私たちが化石燃料中毒になるルーツの一端がある。私たちの暮らしを支え、二一世紀の今でも経済を支える石油とは、現代文明の原点に位置する物質である。それを生み出した石、黒色頁岩がいかにして形成されたかを知ることは、それだけでも十分意義がある。黒色頁岩を詳しく調べた最新の研究は、その背後に想像を絶する出来事が記録されていることを解き明かしたのである。

地球を揺るがす大惨事

今から一億二〇〇〇万年前に起きたとてつもなく巨大な火山活動は、時に冗長な地球史に楔を打ち込んだ。火山などなかった深海底に突如として長大な裂け目が幾筋も生じ、その裂け目から真っ赤な溶岩があふれ出してきたのである。もはや「火山」という言葉では表しきれない「地球の活動」だった。地球の一部分が火事になったと言う方が適しているかもしれない(9)。

一億二〇〇〇万年前の事件を引き起こした究極の犯人は、どうやら地球の奥深いところにいるらしい。当時の火山噴出物を分析してみると、地球深部にしか含まれていないはずの物質が大量に見いだされるからだ(5)。

現在考えられているシナリオは次のようなものだ。その頃、地球深部から熱い物質が湧き上がってくるという、きわめて珍しい現象が起きた。地球の中心部は五〇〇〇℃もあり、深さ三〇〇〇キロメートルにあるコアとマントルの境界でも四〇〇〇℃はある。地球創成時に小惑星や隕石の衝突によって生じた大量の熱エネルギーがまだ多く残されているうえ、ウランなどの放射性元素が過去四六億年間に核分裂によって生み出したエネルギーが地球内部を温め続けているからである。

マントルは普段からゆっくりと対流し、地球表面から熱エネルギーを逃がし続けてはいる。しかしそれだけでは不十分のようだ。少しずつ蓄積していく熱エネルギーのおかげで、対流するマントルよりも深い部分の温度は徐々に上昇していく。そして、あるところで限界を超える。温度が上がると膨張して密度が小さくなり、湧き上がってくるというわけだ。

結果として一億二〇〇〇万年前の事件は、類い希なる火山台地を生み出し、それは現在も深い海の底に眠っている。海底がくまなく調査されるようになり、巨大な火山台地ははじめてその全貌を現わした。

日本列島のはるか南方、赤道域の海底にある「オントン・ジャワ海台《かいだい》」である。その台地のサイズは、日本列島がすっぽり入るほどで、東西・南北ともに二〇〇〇キロメートルに及ぶ。高さ三〇〇〇メートルほどの台地で、さしずめチベット高原が海底に沈んでいるようなものである。しかしその広さ以上に驚くことは、この台地が三〇キロメートルもの深い「根」をもつことである。ふつう海底下の地殻の厚さは六キロメートルほどにすぎない。だから、そこだけ地殻が異常に膨れていることになる。この膨れた地殻のほとんどが、どうやらオントン・ジャワ海台の形成にともなって生まれた溶岩らしい。

深海底に眠る巨大な火山台地の姿が明らかになったとき、ほとんどの研究者は首をかしげるばかりだった。プレート・テクトニクスでさえも説明がつかない巨大な火山台地の発見は様々な憶測を呼び、新しい仮説が生まれては消えていった。科学という営みに日々心を砕く研究者といえども、考えの及ぶ範囲には限界がつきものだ。それは、得られるデータを整然と説明できる理論の枠組み、つまりパラダイムがあるからだ。しかし、そのパラダイムでは決して説明できないような現象が観測され、研究者をひどく悩ませることもある。オントン・ジャワ海台とは、まさしくそういった事例だった。

深い海の底を掘り抜いて、海底のさらに下に深く埋もれた岩石を採取する技術の進化がブレークスルーを生み出した。研究者たちが、この火山台地を形作っている溶岩を実際に手にすることができるようになったのは一九八〇年代後半のことである。アメリカの科学掘削船ジョイデス・レゾリューション号がオントン・ジャワ海台を掘り、この海台に分厚く降り積もった泥の下から、一億二〇〇〇万年前に噴出した溶岩を採取することに成功したのである[10]。

こういった溶岩の分析などを通して、巨大海台を包む謎のベールは一枚また一枚と剝がされていった。この火山活動によって噴出したマグマ量は六〇〇〇万立方キロメートルにも達する。最近の知見によると、この海台は一〇〇万年ほどの期間で出来上がったらしい。つまり噴出したマグマ量を平均すると、一九九一年に噴火したピナツボ火山の六倍の、一年間に六〇立方キロメートルに達する。

過去一〇〇〇年の歴史を振り返ると、巨大な火山噴火は一〇〇年に一度あるかないかだ。しかしオントン・ジャワ海台の噴火では、マグマが尽きることなく次から次へと一〇〇万年にわたって溢れ続けたから、気候への影響は不可避だった。科学者は、こういった噴火現象を「巨大火成岩岩石区」と呼び、ふつうの火山とは区別することにした。(9) アメリカのワシントン州を広く覆う「コロンビア川洪水玄武岩」や、シベリアに日本の国土の五倍以上の面積にわたって広がる「シベリア・トラップ」、インド半島を広範囲に覆うデカン高原をつくる「デカン・トラップ」などはそのよい例だ。

デカン・トラップは、今からおよそ六六〇〇万年前に生まれた。現在デカン高原と呼ばれるインド半島西部に、突然溶岩が溢れ出してきた。再び地球を大混乱に陥れかねない巨大火成岩岩石区の形成が始まった。

温暖化した世界

現在のインド半島は、当時インド洋に浮かぶ大きな島だった。その「インド島」はプレートに乗って徐々に北進し、五〇〇〇万年ほど前にユーラシア大陸に衝突した。秋吉台のように小さな海山なら沈み込むプレートから剝ぎとられてしまうが、インドは剝ぎとられるにはさすがに大きすぎた。ユーラシア大陸に衝突したインドは、それ以降五〇〇〇万年にわたってユーラシア大陸を北向きにぎゅうぎゅう押し続けている。おかげでインド半島の北側には、世界最高峰のエベレストや第二峰のK2などが居並ぶヒマラヤ山脈、そしてそのさらに北側に広大なチベット高原が形成された。これらの山脈や高原は、現在でも成長しつつある。

インドが衝突することによって生じる歪《ひず》みは、アジアの大地にひびを生んでいる。そのひびは、数千キロメートルもの長さをもつ幾筋もの巨大断層となって大地を切り裂いているのだ。[11] 中国の内陸部でしばしば起きる地震の多くは、こういった巨大断層が動いたものだ。インド半島の衝突の力は中国やモンゴルを越え、シベリアにまで及んでいる。三日月形をしたバイカル湖は、そういった地質構造上に生まれた窪地に水が溜まったものである。

地中からマグマが噴き出すとき、同時に多量の火山ガスが放出される。火山ガスには、二酸化硫黄、二酸化炭素、窒素酸化物、ハロゲンなどが多量に含まれている。ピナツボ火山やタンボラ火山の噴火を軽くしのぐ火山活動は、とてつもなく多量の火山ガスも放出したのである。それが、気候を大きく変える役割を果たしたと想像するに難くない。[12]

火山ガスにたっぷり含まれる二酸化硫黄は、大気中で酸素と反応して硫酸に変わる。その硫酸は、周囲の水分子を集める性質を発揮して、エアロゾルと呼ばれる大気中を浮遊する小さな粒子になる。そのまま大気中を浮遊するエアロゾルは、日射を遮る日傘のような役割を演じ、気候を寒冷化させる。硫酸エアロゾルの対流圏における寿命は一週間程度だが、成層圏に紛れ込んだエアロゾルの寿命は数年に及ぶ。これが一時的な寒冷化を引き起こす原因となることは、第三章で紹介したタンボラやピナツボの例からも明らかだ。

オントン・ジャワ海台を生んだ火山活動は、温暖化した白亜紀に一時的な寒冷化を引き起こしたに違いない。さらに、海水の蒸発量を減らしたり、降水量の分布も大きく変化させ、やがては海の流れを止めてしまった。おかげで海が淀んで、海水中に溶けている酸素ガスがなくなり、石油の元となる黒色頁岩が形成されたのである。最近では、スーパー・コンピューターを用いた気候シミュレーションが、事の顚末を見事に再現している[13]。

白亜紀という時代は、私たちの生活感覚からすると「はるか太古の昔」でしかない。しかし地球史という視点に立てば、かなり最近の時代でもある。地球史を一年に見立ててみよう。白亜紀が始まるのは一二月二〇日で、この時代が終わるのは年の瀬の二六日となる。忘年会やクリスマスも終わり、新年の足音が聞こえてくる頃だ。

地球の長い歴史において過去六億年とは、生き物が一〇〇〇万種とも三〇〇〇万種とも言われるほどにまで多様化した時期だ。白亜紀とはそんな六億年の中でも、特異な時代である。地球史最大の爬虫類である恐竜が陸地を闊歩し、海の中には首長竜のような恐竜の親戚や、矢石と呼ばれる炭酸カルシウムでできた弾丸のような形の硬い殻をもつイカが海洋中を泳ぎまわっていた。この時代の海底には直径が最大数メートルにまで成長する巨大なアンモナイトが暮らしていた。この時代の生き物は、現代に比べ一般にサイズが大きいのである。

それに対して、私たち哺乳類の祖先は当時、まだひ弱で小さな生き物でしかなかった。陸上の植物界においては、白亜紀の中ごろを境に、イチョウやメタセコイヤといった裸子植物が衰退し、美しい花を咲かせる被子植物がとって代わるようになる。

白亜紀は、大気中のいわゆる「温室効果ガス」である二酸化炭素の濃度が現在より一桁高く、およそ二〇〇〇ppm（〇・二パーセント）もあった。[14] おかげで、温室効果によって地球が極端に温暖化していたのである。

この「温室地球」では、サンゴ礁が赤道をはさんで南北緯四〇度近くまで分布していた。また、現在は熱帯から亜熱帯域にしか生息しないワニの化石が、北極海沿岸に分布する白亜紀の地層からも見出されている。森林が極域にまで広がっていた証拠も残されている。硅化木《けいかぼく》と呼ばれる、木質部がケイ酸塩で置き換わった化石が極域で数多く見いだされるのだ。世界各地から報告される化石の断片的な証拠からは、極端に温暖化した地球の姿をうかがい知ることができる。

そんな白亜の時代にも、やがて幕が下りる時が来る。

白亜の終焉

デカン高原の噴火をはるかに凌ぐカタストロフィーが起きたのは、デカン高原を生む火山活動がほぼ終息した直後のことだった。直径が一〇キロメートルに及ぶ巨大な隕石が、現在のメキシコ、ユカタン半島の先端付近に落ちたのである。

南東方向から飛来した隕石は、地表面に対して二〇〜三〇度という浅い角度で大気圏に突入した。衝撃波による爆音とともに、隕石は秒速一五キロメートル以上の高速で地表面に激突した。その時のすさまじい衝撃は、地震エネルギーの尺度に換算するとマグニチュード11（東日本大震災を引き起こした地震のおよそ一〇〇〇倍のエネルギー）を超えると推定されている。衝突地点に誕生したクレーターは、隕石のサイズの二〇倍近い直径一八〇キロメートルという特大サイズだった。隕石の衝突によって生じた大量の粉じんは、クレーターの北西方向を中心とした北半球に広くまき散らされた。その一部は、地球重力圏から脱出可能な秒速一一キロメートルを超え、宇宙空間へと飛び散っていった[15]。

運悪く、巨大隕石が落ちた場所は海だった。コンピューター・シミュレーションによると、高さ三〇〇メートルにもおよぶ津波が引き起こされ、巨大な波の壁は地球を何度も周回した。おかげで大陸の内部にまで海水が押し寄せ、恐竜に限らず陸上に暮らす生き物はその影響を被った。この時を境に、多くの生き物が地球上から忽然とその姿を消してしまったことは、化石記録が如実に物語っている。

白亜紀にとどめを刺した隕石衝突の痕跡を見つけたという報告は、一九八〇年六月六日に「サイエンス」誌に発表された[16]。その内容を要約すると次のようになる。イタリア、デンマーク、ニュージーランドに分布する白亜紀とその後の第三紀の地層の境界には、わずか数センチメートルの薄い粘土層が挟まれている。それらいずれの粘土層にも、イリジウムという元素が周囲の地層に比べ数十倍も濃縮されている。イリジウムは地球の表面を覆う地殻にはほんのわずかしか含まれていない元素だから、これは巨大隕石が地球にもたらしたものだろう。衝突した隕石は大量の塵を大気中に巻き上げ、何年にもわたって暗黒の帳が世界を包んだ。おかげで植物の光合成量が大きく低下し、食物連鎖を通して多くの生物が食糧不足のため息絶え、絶滅したのである[17]。

ルイス・アルヴァレズ、その息子で地質学者のウォルター・アルヴァレズらカリフォルニア大学バークレー校の研究グループが発表したこの論文は、発表直後から激しい論争をまき起こした。化石記録の解読を専門とする古生物学者たちは、もっとゆっくりとした原因に起因するものだと主張し[18]、また一部の地球化学者は、当時インドで起きた巨大な火山活動がその原因に違いないと主張した[19]。この百家争鳴状態は、しばらく続くことになる。

問題の論文の第一著者のルイス・アルヴァレズは、当時カリフォルニア大学バークレー校の物理学科のすでに名誉教授の地位にあった人物である。アルヴァレズは、素粒子物理学で優れた成果を挙げ、一九六八年にノーベル物理学賞を受賞した。第二次大戦中にはマンハッタン計画の原爆製造に深く関与し、広島に原爆を落とした際、爆風効果を測定するため空軍機に同乗していた一人でもある。幅広い科学的興味と人脈を持ち、ケネディ大統領暗殺事件を調査したウォレン委員会の委員も務めた。また、宇宙から飛んでくるミューオンを用いてエジプトのピラミッドを透視し、未発見の石室を探すというきわめてユニークな研究を行ったことでも知られる[20]。ピラミッドの研究で使われた方法は、最近ではメルトダウンした福島第一原発一号機と二号機の内部を透視するのにも応用されている。

隕石衝突の論文が出版されたとき、ルイス・アルヴァレズはすでに齢七〇に近く、一九八八年に亡くなるまで一貫して隕石説で強烈な論陣を張った。アルヴァレズが亡くなって間もなく、その隕石衝突によって生まれたクレーターがメキシコのユカタン半島沖で見出され[21]、この論争は収束していく。地質学者と核物理学者が交わったこの研究は、原子という科学共通の「言語」によって、どんな異分野、いかなるトピックであってもしっかり結びつくことができるという科学の重要な一面を教えてくれる。

白亜の時代が終わりを告げると、海の環境もゆっくりと変わり始める。石灰岩は現在の海底でも作られつつあるとはいえ、その量は大きく減じた。海全体が淀むようなことも、白亜紀以降一度も起きていない。気候はその後一〇〇〇万年ほど温暖期が続くものの、その後は寒冷化の一途をたどることになる。白亜の時代の終わりとともに、地球の姿は大きく変わり始めたのである。

第五章　南極の不思議

偉大なる神よ！　ここはひどいところだ。一番乗りという栄誉なくしてたどり着くには、あまりにつらすぎる場所だ。

ロバート・スコット

神秘の大陸

人類史上最後に探検された大陸の姿の解明は、数々のドラマによって彩られてきた。とはいえ、南極大陸の地図をじっくりと眺めたことのある人は、そう多くないに違いない。地図帳の最後のページに載っているからだけではないだろう。地図上では大陸全体が真っ白に塗られていて、等高線もあいまいにしか引かれておらず、見るべきところもないからだ【図12】。

南極大陸が真っ白に塗られている理由はもちろん、分厚い氷がこの大陸のほとんどを覆っているからで、曖昧な等高線しか引かれていない理由は、その氷の形や大きさが時とともに変わるものだからだ。本当の大地は分厚い氷の下に隠れている。本来ならば、南極の地図は、氷をはぎ取って現れる大地を描かねばならない。しかし、氷の厚さは厚いところで四キロメートル近くに達するし、そもそも氷の下にある大地を調べることは容易ではない。

もっとも目につく南極大陸の特徴といえば、トカゲのしっぽのような形をした南極半島だろう。南米大陸の最南端ホーン岬に向けて延びる南極半島は、大陸の中心部を横切る南極横断山脈の延長でもある。

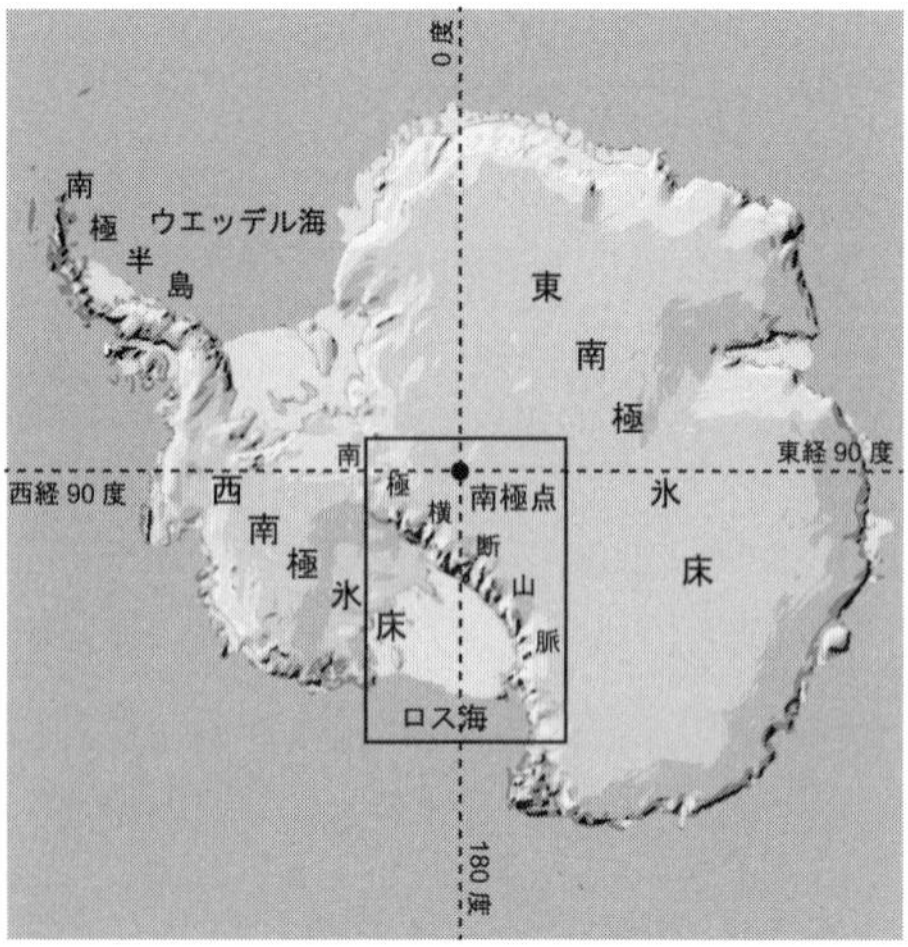

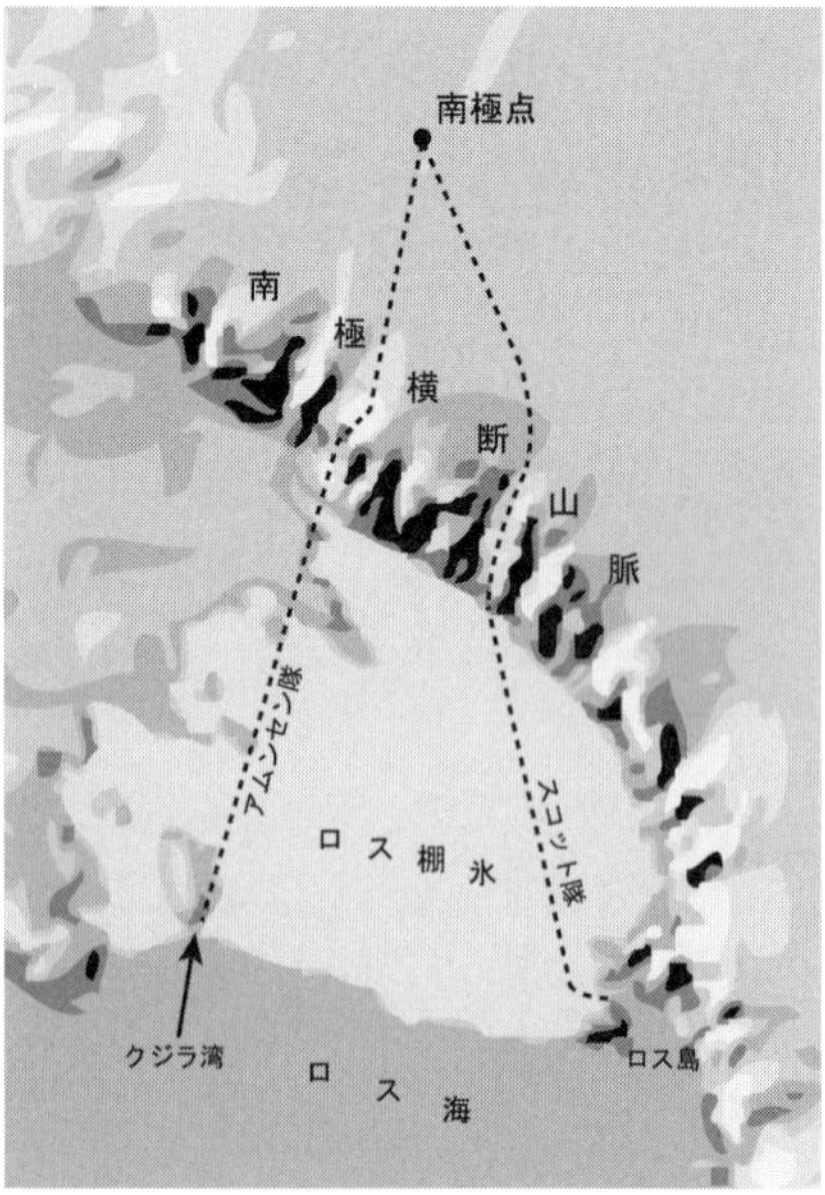

【図12】上は南極大陸全体の地図。ほぼ中央を横切る南極横断山脈をはさんで東経側が東南極氷床、西経側が西南極氷床である。下にはロス海から南極点に向かったスコット隊とアムンセン隊のルートを示した。

南極の地図をよく見ると、この大陸が南極点を中心にして、きわめてバランスよく配置されていることもわかる。南極点はまるで南極大陸のヘソのようだ。

南極点は、平均気温マイナス四九℃という極寒の地である。これまでマイナス八二・八℃という想像を絶する低温を記録したこともある。この気温はドライアイスができる温度（マイナス七九℃）よりも低い。ドライアイスを触っていると凍傷になる。火傷のような症状で、血管中に血液が流れなくなって細胞組織が死んでしまうのである。つまりこんな低温時には、外出するだけで命取りになりかねない。その一方で、南極点の気候は大変乾燥しており、一年にわずか二〇センチメートルほどの雪しか降らない。これは降水量に換算すると七〇ミリメートルほどで、東京の年降水量のおよそ二〇分の一にすぎない。南極点は、極寒の砂漠なのである。

南極点は、地理学的に特異な場所でもある。もちろん南極点とは、地球の回転軸が地表面と交差する地点のことであるが、この地に立てば、すべての方角は北となる。南極点には東も西も南もないのである。しかし、そこから一歩でも踏み出せば、東西南北が発生する。もちろん南は南極点の向きである。東と西はといえば、目の前の南極点を中心とする円周上をくるりと一周して互いに重なってしまう。まことに不思議な場所である。

その南極点は毎年少しずつ移動している。南極大陸を乗せた南極プレートが、年一センチメートル足らずというスピードでゆっくりと移動しているからである。しかし、その他にも二つの理由がある。一つは、地球の回転軸が年々少しずつつぶれていることだ。当然ながら地球は、北極点と南極点を結んだ直線を軸にして回転している。詳細な観測によると、この回転軸はきちんと固定されているわけではない。特に巨大地震が起きたりすると、数センチメートルほどのずれが生じる。

　南極点が動く三つ目の、そしてもっとも大きな理由は、南極大陸を覆う氷が流れていることだ。大地にどっしり腰を据えているかのような氷床とて、川のように常に流れている。氷に覆われた南極点では、私たちは大地の上に直接立つことはかなわず、三〜四キロメートルもの厚さをもつ氷の上に立たざるをえない。その氷が日々流れている以上、南極大陸上にあるいかなる場所も有無を言わさず流されることになる。おかげで氷床上の点として表わされる南極点は現在、一年に一〇メートルほどのスピードで西経四〇度の方向、つまり大西洋の方向に移動し続けている[1]。

　南極氷床の中心部では、氷の厚さは最大四キロメートルほどにも達する。氷床下部では、数百気圧にもおよぶ自重に耐えきれない氷が押しつぶされて、薄く広がるように変形する。それはまるでつきたての餅のごとく、縁辺部に向かってゆっくりと流れるのである。南極氷床からは、しばしば大きな氷の塊が氷床から分離し氷山となる。南極海で巨大な氷山が生まれたというニュースがときにメディアを賑わすが、これは氷床が流れることによる必然的な結果である。

　南極氷床の縁から切り離された氷は氷山となって南極海を彷徨い、ほどなく融けて消え去ってしまう。これだけだと、氷床はどんどん小さくなってしまう。これを補うのが天から降る雪だ。つまり氷床の全面で材料が供給されている。両者がバランスすることによって、現在の氷床のサイズや形が保たれているというわけだ。冷たく静的なイメージとは裏腹に、氷床とはきわめてダイナミックなものなのである。

分厚い氷の下に隠された南極大陸の本当の姿を知ることは、長らく至難の業だった。しかし技術の進歩によって、現在では氷の下の大地といえども詳しく知ることができる。音波を用いれば海底でも詳細に調査できるように、電波を用いれば手の届かない氷底を調べることができる。最近では、飛行機に搭載したレーダーによって、氷の下に隠された大地がマッピングされている。広域を一気に調査できるこの方法は、一九七〇年代以降大きく発展した。氷と大地の境界面から返ってくる強い反射波は、氷床の下が時に激しい凸凹をもつ複雑な場所であることを教えてくれる。

仮に南極大陸から氷床を取り除いたとしよう。すると、地図に白く塗られた部分のおよそ四分の一は、海面下に沈んでしまうことになる。つまり大陸ではなく海底なのである。分厚い氷が乗ったおかげで大地がへこんで、海面下に沈んでいるのである。テニスボールの表面を指でぐっと押さえるとへこむのと同じ要領だ。

港に停泊している貨物船を思い浮かべるといいだろう。積荷をたっぷり積んだ船はその分だけ船体が沈み、船縁の位置は低くなる。しかし積荷を降して軽くなった船体は浮き上がる。それと同じことで、氷が乗った大地から氷が融けてなくなると、その分だけ大地が浮き上がってくる。アイソスタシーとして知られるこの現象は、地殻の下にあるマントルが水飴のように流動することによって生じるのだ。

氷や岩石などを含め世に存在するあらゆる固体は、多少なりとも流体としての性質も備えている。私たちの人生という時間スケールでは固体のように見えるものでも、何千年や何万年という時間スケールでみれば液体のように振る舞うものは多い。

地球が多少なりとも流体としての性質をもつため、氷床が融けて「積荷」が取り除かれると、バランスをとるためにマントルが流動し大地は再び盛り上がる。氷の荷重でへこんだ分を穴埋めするように、周囲からマントルが流れ込んできて隆起するのである。今は海面より低いところでも、氷床がなくなってしばらくすれば陸化するところがたくさんあるのだ。

さまよえる湖、南極編

南極大陸の中央部では、表層付近の氷の温度はマイナス三〇℃を下回る。しかし氷の温度は氷床の下部ほど高くなる。地熱が氷床を底から温めているからだ。氷は、本来なら大気中に逃げてしまう地熱にフタをした格好だ。火山活動のないところの地熱は、一メートル四方につき七〇ミリワットというほんのわずかな熱量にすぎないが、氷は熱を伝えにくいため、氷床の底面付近にその熱は蓄積されることになる。

おかげで氷床が分厚くなるにしたがって、氷床の底面の温度は上がる。そして氷床の厚さが四キロメートル近くになると、氷が融ける温度に達する。実際南極では、氷床下の多くのところで氷が融けていることが知られている。氷が融けて水の層ができると、それはまるで潤滑油のように働き、滑り面となる。これが原因で氷床が突如として丸ごと流れる現象は、サージと呼ばれている。

また氷床下の融け水が凹んだ地形にたまると、そこには湖が生まれる。南極大陸を覆う分厚い氷の下には百を超える湖が隠れている。このことが知られるようになったのは、最近のことだ。まだ見ぬ湖では、どんなことが起きているのだろうか？ そしてどんな生物がそこで暮らしているのだろうか？ 研究者たちの興味はそそられるばかりだ。氷をぶち抜いてパイプを差し込み、そこから湖水を抜き取って、その化学組成やそこに生息しているであろう微生物についての研究も始まりつつある。[2]

近年の調査や観測のおかげで、氷床の下の世界も少しずつその姿を現しつつある。驚くべきことに、氷の下の湖は必ずしも場所が定まっているわけではないらしい。上に乗る氷の重さによって、その湖面は常にすさまじい圧力を受け続けている。流れる氷は、氷の下に潜む湖面の圧力場を時々刻々変化させ、その変化に応じて湖は場所を変え形を変える。この湖の移動は、数キロメートル上の氷床上でも観測することができる。氷の表面高度が、短期間のうちに何メートルも上下するのだ。[3]

南極大陸を真っ二つに切り裂く南極横断山脈は、南極氷床も二分している。山脈をはさんで西経側にある部分が「西南極氷床」、東経側にある部分が「東南極氷床」と呼び慣わされてきた。

そのうち西南極氷床は、謎の氷床として研究者の間で長らく知られてきた。氷床自体が海にどっぷり浸かった状態にあるからだ。まるでウイスキーのオン・ザ・ロックである。重い氷が乗れば大地は沈むから、もともと低地だったところに氷床ができれば当然こういうことになる。しかし西南極氷床の不思議なところは、もし氷床を取り除いて大地がその分隆起したとしても、相変わらず海面下にあることだ。逆に考えると、西南極氷床とは、海の中に生まれた氷床ということになる。

そんな西南極氷床においても、ロス海とウエッデル海は特殊な場所である。氷床の一部が、一〇〇〇キロメートル以上にわたって海の上にせり出す「棚氷《たなごおり》」を形成しているからだ。氷床の端が、まるで長い庇のように沖合に向けて伸びている。棚氷は大地に着底していないから、その底面と大地との間には海水が入り込んでいる。つまり棚氷とは、氷床と氷山の中間的なものである。棚氷が着底するところは接地線と呼ばれ、棚氷の縁からずっと内陸側にある。この接地線こそが、南極における陸と海の境界とする見方もある。巨大な氷床が存在することによって、南極における陸地と海の境界はきわめて曖昧なものとなっている。

南極海の海水の温度はおよそマイナス二℃だから（注：塩を三・五パーセントほど含む海水の結氷温度は〇℃ではなく、およそマイナス二℃である）、マイナス二〇℃の南極氷床にしてみれば、まるで風呂に浸かっているようなものである。少々の水温上昇でも命取りとなりかねない。もし西南極氷床がすべて融けてしまったとしたら、海面は三・三メートル上昇する。オン・ザ・ロックの西南極氷床は、現代社会の脅威の一つなのである。

活動中の火山が西南極氷床の下にいくつも隠れているのも懸念材料だ。氷の下で火山が爆発することだってある。今からおよそ二三〇〇年前、西南極氷床下に隠れている名も無い火山が大噴火を起こした。火山を覆っていた氷が融け、氷床にぽっかりと大穴が開いた。[4] その火山が氷床の縁辺部に位置していたため、大惨事に至るほどの量の融け水を生まなかったのは幸いだった。

人工衛星からの観測によると、現在の西南極氷床は年間一〇〇〇～二〇〇〇億立方メートルほど減少していると推定されている。[5] これは海面変動量に換算すると、年間〇・二八～〇・五六ミリメートルほどにすぎない。まだ大した量ではない。しかし近い将来、この巨大なオン・ザ・ロックが水割りになってしまわないのだろうか？　研究者たちは予測の精度を上げるとともに、注意深く見守っている。

ライバルたちの大陸

こういった南極大陸の様子が詳しく知られるようになったのは、比較的最近のことにすぎない。今から一〇〇年あまり遡れば、そこは人を全く寄せ付けない未踏の大地だった。そんな南極大陸のほぼ中心に位置する南極点を目指してノルウェーの探検家ローアル・アムンセンとイギリスの海軍大佐ロバート・スコットが、熾烈な闘いを繰り広げたのは、今から一〇〇年ほど前の一九一一〜一九一二年のことである。探検家としての意地をかけた闘いであると同時に、国の威信と名誉をかけた競争でもあった。

一八世紀以降イギリスは、ジェームズ・クック、ジェームズ・クラーク・ロス、アーネスト・シャックルトン、ロバート・スコットなど歴史に名を刻んだ探検家が輩出し、南太平洋から南極大陸の発見、そして南極大陸の奥地にまで着々とその歩を進めてきた。何世紀にもわたる一連の探検において、南極点到達は間違いなく重要なマイルストーンとなるはずだった。一九〇九年一月にシャックルトンが率いた探検隊は、南極点までわずか一八〇キロメートルの地点（南緯八八度二三分）にまで迫った。その時は食糧不足によってやむなく引き返すのだが、残り一八〇キロメートルを埋めるのは、もはや時間の問題だった。

一九一〇年六月、スコット隊を乗せたテラノバ号(6)は、多くの人々の見送りを受けてイギリスのカーディフ港を出発した。もはやイギリス人が南極点を初制覇することを疑う者は誰もいなかった。

テラノバ号はその四ヶ月後、オーストラリアのメルボルンに入港する。そこでスコットは、一通の手紙を受け取ることになる。

我、南極に向かう。マデイラにて

差出人は、バイキングの血を引くノルウェーの探検家アムンセンだった。スコットは驚いた。なぜならアムンセン隊は、その年北極を目指すはずだったからである。

やむにやまれぬ理由があった。アムンセンが北極探検の準備中の一九〇九年四月、アメリカのフレデリック・クックとロバート・ピアリーが相次いで北極点に到達したというニュースが世界中を駆け巡る。このニュースを耳にしたアムンセンは、急遽回れ右をして、行先を南極点に変更するのである。アムンセンにとって、北極探検はもはやその意義を失ったも同然だった。かくして運命のいたずらが、二人を世紀の競争へと導いたのであった[7]。

しかしアムンセンは、この変節を最後の最後までごく一部の人を除いて隠していた。一九一〇年六月にアムンセン隊を乗せたフラム号は祖国を後にしたが、その時点でほとんどの隊員はてっきり北極に向かうものと信じこんでいた。その三ヶ月後、フラム号が立ち寄ったマデイラ島を出発する段になって、ようやくアムンセンは南極に向かうことを隊員に告げる。計画変更を告げられた隊員たちは面食らったとはいえ、すぐに気持ちを入れ替えた。士気は高かった。

多くの人々の寄付金によって成り立つ探検において、計画の変更にはさまざまな難題が付きまとう。そういった問題を避けるための、アムンセンなりのやり方だった。ただアムンセンは、南極に対するイギリスの思い入れと、スコットの立場も尊重していた。探検家同士の礼儀として、マデイラ島から件の親書をスコットに送るのである。

スコット隊もアムンセン隊も、ロス海から南極大陸に上陸した【図12】。二つの探検隊は同じロス海から南極大陸に上陸したとはいえ、コースは異なっていた。スコット隊は、シャックルトン隊にならってロス海南西端に浮かぶロス島に上陸し、そこに小屋を建て一冬を過ごして入念な準備を行う。そこからシャックルトンと同じルートを辿って南極点を目指すのである。それに対し、アムンセン隊はロス海中央部のクジラ湾から上陸し、そこにベースキャンプを設営した。スコット隊のベースキャンプから六〇〇キロメートルほど東に位置する棚氷の上である。アムンセン隊のベースキャンプの方がスコット隊のそれより緯度にして一度ほど南に位置する。つまり南極点に一〇〇キロメートルほど近いことになる。何事も理詰めでいくアムンセンならではの作戦だった。

一九一一年一一月一日、スコット隊は満を持して南極点へ向けて出発する。片道およそ一四〇〇キロメートルの行程だった。(8) これは仙台から福岡まで歩いていくことに匹敵する。極寒の中、何一つ遮るもののない南極大陸では、しばしばブリザードが吹き荒れる。体力を容赦なく奪い続けるブリザードは、屈強な探検隊員にすら、時として手に負えない相手となる。南極点に到達するためにはさらに、標高三五〇〇メートルを超える峰々が連なる南極横断山脈を越えねばならない。南極点の標高は三〇〇〇メートル近くあり、空気も薄い。南極点到達は、さまざまな意味で肉体の極限との闘いである。

当時の多くの極地探検隊がとった戦略は、多くのサポート隊員が途中まで同行し、食糧や燃料を蓄えた補給キャンプを途中に設営したうえで引き返すというやり方だ。南極点を目指す本隊は、帰り道にその補給キャンプを一つ一つ辿りながらベースキャンプに戻ってくる。こうすることによって比較的身軽で南極点に向かうことができる。ただしランドマークなどほとんどなく、白い平原がどこまでも続く場所だ。星や太陽の正確な観測なしに、補給キャンプに到達することなどできない。一つ間違えると死と隣り合わせという危険な賭けでもある。

南極横断山脈の峠越えは、氷の裂け目であるクレバスが無数に潜む最大の難所だ。シャックルトン隊に倣ってビアドモア氷河を登りきったスコット隊は、最後の補給キャンプを設営する。ここで最後のサポート隊が引き返し、残された五人が南極点アタック隊となった。

一方アムンセン隊は、クジラ湾のベースキャンプから南極点に向けて、途中南極横断山脈を越えるところ以外は一直線に進むルートを選んだ。先に計画を発表していたスコットらと同じルートを辿ることは許されない。礼儀に反するうえ、探検家としての意地もある。

探検家としてすでに一流の誉れ高かったアムンセンとて、スコットとの競争をかなり意識していた。まだ南極の冬が終わりきらない九月九日、南極点を目指してベースキャンプを出発する。しかし、出発して間もなく猛烈な寒波に襲われ、ベースキャンプに引き返さざるをえなくなる。何事にも慎重かつ計算ずくのアムンセンだったが、この時ばかりは早まった判断だった。

アムンセン隊が再び態勢を整えてベースキャンプを出立したのは、一〇月二〇日のことである。それでもスコット隊よりも一〇日あまり早い出発だった。これが後に命運を大きく分ける一因となる。アムンセン隊は、南極点到達だけを唯一の目的として、犬橇とともにひたすら歩を進めた。

結局アムンセン隊は、スコット隊よりも一ヶ月あまり早い一二月一四日に南極点に到達する。

それに対し、スコット隊は南極点到達だけを目的とした探検隊ではなかった。学術調査隊という一面も兼ね備えていたのである。隊員に何人もの科学者をそろえ、途中で岩石試料や生物試料を採取しながら進んだ。

二つの探検隊がとったコースは異なっていたとはいえ、最終的に目指すところは同じ地点である。目的地に近づくにつれて、必然的に両者のコースは近づいてくる。スコット隊が南極点に残り五〇キロメートルにまで差し掛かった時、アムンセン隊のものらしき足跡を発見する。

悪い予感は当たった。三日後、南極点に到着したスコット隊は、そこにノルウェー国旗が翻っているのを見ることになる。そこには、アムンセンがスコットに宛てた短い手紙も残されていた。それは万が一、アムンセンらが遭難した際の保証でもあった。

南極点で撮ったスコット隊の写真が何枚も残されている。いずれにも五人に笑顔はなく、その表情には疲れがにじみ出ている【図13】。

失意の帰り道は、さらに厳しい試練が待ち受けていた。凍傷と壊血病との闘いに敗れた一人の隊員を途中で失い、残りの四人は重い足取りで必死に橇を引く。しかし天はついに味方しなかった。季節外れのブリザードが吹き荒れ、四人から体力を奪い続けていく。凍傷も追い打ちをかけた。迫り来る冬への焦りとは裏腹に、彼らの歩みは徐々にのろくなる。そして南極が冬に差し掛かろうとする三月二九日、ついに燃料と食糧、そして生きる気力が尽きる日が来る……。

【図13】スコット隊が南極点で撮った写真の一枚。後列中央がロバート・スコット隊長。五人の顔に笑みはない。

一〇月。南極大陸に再び遅い春が巡ってきた。南極のスコット隊のベースキャンプでは、待てど暮らせどついに帰還することのなかったスコットらの捜索隊が組織される。スコット隊の一員として一年前に南極点に向かって辿った道を、残された隊員たちが一縷の望みをもって再び進むことになる。

そして、ベースキャンプから二〇〇キロメートルほど進んだところで、ついにスコットのキャンプを発見する。

その中で、スコットをはじめ三人の隊員の眠ったような遺体が寝袋の中で発見された（残り一名は、その前に自ら死を選んでいた）。スコットの遺体の枕元には、残される人々に宛てた手紙とともに、スコット自身の日記が残されていた。その最後のページには、少々乱れてはいるもののしっかりとした筆跡で次のように記されていた【図14】。

最後の瞬間まで頑張るつもりだが、私たちが恐ろしく弱ってきているのも事実だ。最期は遠くない。

残念ながら、これ以上は書けそうにない。

最後に――どうか、私たちの家族をよろしく(8)

R・スコット

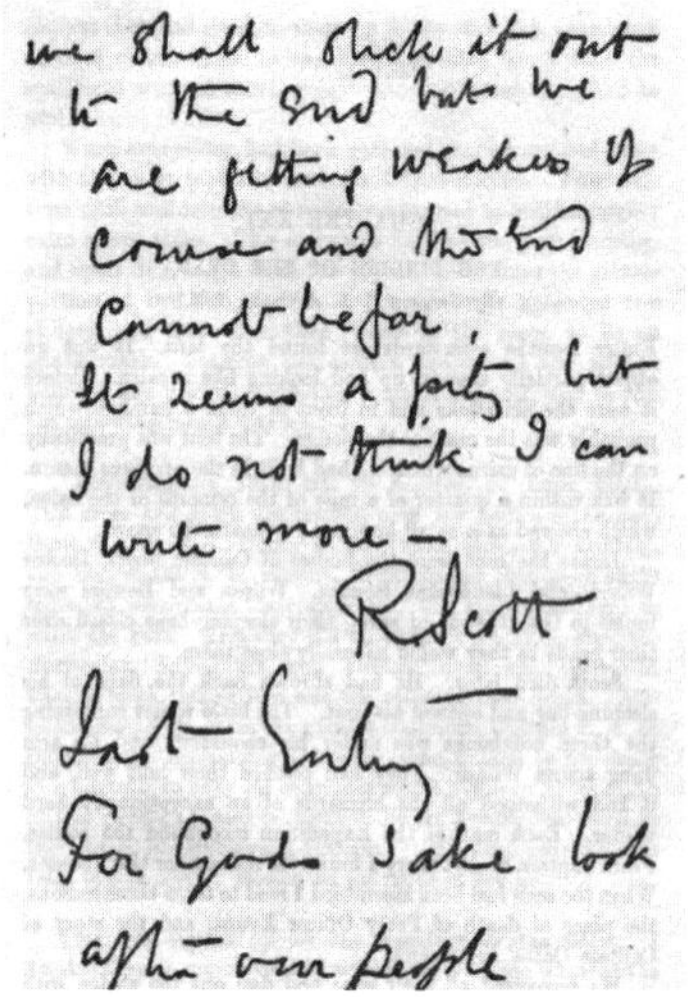
We shall stick it out
to the end but we
are getting weaker of
course and the end
cannot be far.
It seems a pity but
I do not think I can
write more —
R Scott
Last Entry
For God's sake look
after our people

【図14】スコットの遺体の枕元に残されていた日記の最後のページ。すでに燃料・食糧ともに尽き、死を待つ状況で書かれた最後の言葉が記されている(訳は本文参照)。

探検家の行く末

アムンセンを北極から南極に回れ右させたクックとピアリーの北極点到達のニュースだったが、その後とんでもない展開になる。

かねてから北極点初到達を狙っていたピアリーだったが、一九〇九年四月六日についに念願の北極点に到達したと高らかに宣言する。ところがその直前、ピアリーにとって思わぬ事態が待ち受けていた。かつてピアリーの部下だったフレデリック・クックが、ピアリーより半年ほど先に北極点に単独到達していたとニューヨーク・ヘラルド紙に発表するのである。ピアリーが北極点到達を発表するわずか五日前のことである。

　袂を分かったピアリーとクックの先陣争いはこじれ、第三者機関による詳しい調査が行われた。結局、北極点到達の証拠が不十分だったクックの主張は認められなかった。かたやピアリーとて、北極点到達の証拠提出を拒む。ピアリーとともに北極点に立ったという五人はいずれも位置決定のための観測技術をもたないイヌイットたちだっただけでなく、その後復元されたピアリーの足取りには不審な点がいくつも見つかっている。論争は現在も続いているが、ピアリーの主張は限りなく濃い灰色だ。この二人に絡んだ出来事は、極地探検の歴史に暗い影を落とした。

　こういう醜い諍いや詐欺まがいのことが起きる背景にあるのは、名誉欲や手柄を独り占めしようとする独占欲だけではない。極地探検には多額の資金を要する。極低温に適した特殊な用具の製作、大量の食糧などといった物資の準備、それらに加え隊員を遠く極域まで運ぶ費用、さらには数年にわたることもある探検の間の人件費などなど。こういったものを一つ一つ準備するため、探検家は莫大な借金を抱えることになる。

　イギリス政府もスコット隊を支援したとはいえ、その資金は限られていた。多くはスコット自身の営業努力によって得た寄付と、スコット自身の借金によるものだった。探検家たちにとってこういった借金の多くは、探検終了後に各地で行う講演の謝礼や執筆する探検記の売り上げなどで返すという「出世払い」となる。もちろんこれとて、生きて帰ればの話だ。厳しい自然を相手とする探検そのものの失敗には死が待ち構えているし、探検に成功したからといってその後の生活が安泰というわけでは決してない。帰ってからも借金取りが手ぐすねを引いて待ち受けている。この世俗的な仕事にも失敗するわけにはいかない。

スコット隊に参加し、後に『世界最悪の旅』を著わしたチェリー＝ガラードは、南極探検の英雄に対してさえ十分な援助を与えなかった政府の態度を嘆いている。

シャクルトンは富豪の家々の門を叩いてまわり、スコットは数か月間、寄付を集めるための手紙を書き続けた。国家は、このことを恥ずかしいとは思わないのだろうか。(8)

日本人で初めて南極を探検し、南極調査船「しらせ」として現在までその名前が残る白瀬矗《のぶ》とて例外ではない。白瀬隊は、アムンセンやスコットと同じ一九一一年に南極探検に向かった。後援会長を大隈重信が務め、出発時には多くの人々の熱狂的な見送りを受けた白瀬隊だった。しかし国からの支援は限られていた。

もっとも白瀬隊の場合、アムンセン隊やスコット隊に比べ明らかに準備不足だった。そのうえ、南極に上陸する以前にすでに修復不可能なほどの不和が一部の隊員たちの間に生まれていた。白瀬の毒殺未遂事件まで起きたと言われている。

白瀬隊が、アムンセン隊と同じロス海のクジラ湾から南極大陸に上陸したのは一月中旬のことである。すでに、南極は夏の盛りを迎えていた。白瀬らが乗る開南丸がクジラ湾に着いたとき、南極点到達を終えてベースキャンプに帰還するアムンセンらを今か今かと待ち構えていたフラム号と鉢合わせしている。

結局、白瀬隊が南極大陸を探検したのは実質的には一月二〇日から三一日までの一二日間にすぎず、南極大陸に小さな足跡を残しただけで終わる。彼らが到達した最南端地点は、南極点にほど遠い南緯八〇度〇五分だった。(9)

白瀬の帰国は、再び熱狂的な人々によって迎えられる。しかし、時代の移り変わりは速かった。白瀬が帰国して間もなく明治天皇が崩御し、元号が明治から大正に代わる。さらに二回の世界大戦と敗戦を経て、人々の記憶から白瀬の名前はあっという間に薄れてしまう。この激動の時代を生き抜いた白瀬の後半生は、探検で抱えた多額の借金を返すためにあったようなものである。(10)白瀬は一九四六年に八五歳で亡くなる。娘が間借りしていたうなぎ屋の二階の四畳半に転がりこみ、日々の食事にも困る貧困の中でその生涯を終える。そこには、少年の頃から温かいものを決して口にせず、ただ極地探検のためだけに精進し続けた若き日の探検家の姿はなかった。

英雄の賞味期限は決して長くない。いかなる勝利とて時とともに色褪せる。スコットとの競争に勝ったアムンセンは祖国に錦を飾り、英雄として迎えられる。その後アムンセンは、一九二六年には飛行機に乗って北極点に到達し、人類で初めて両極に達した探検家となる。探検家としてこれほどの偉業を成し遂げたにもかかわらず、探検に要する資金繰りのトラブルや、北極点到達に絡んだ醜聞に悩まされ続けるのである。それは、死をもって永遠の名声を得たスコットとは対照的な姿でもあった。

アムンセンは、一九二八年にイタリア隊の遭難救助に向かった北極において行方不明となる(イタリア隊は後に生還した)。享年五五歳。潜水艦を動員した必死の捜索にもかかわらず、ノルウェーの英雄の遺体は見つからなかった。

新しい時代へ

さらに時は流れた。

二一世紀の今、スコットがベースキャンプを設営したロス島には、広大な敷地をもつアメリカのマクマード基地が建設されている。夏になると、観光客を含め二〇〇〇人を超える人々が暮らす南極大陸最大の「町」だ。ホテル・カリフォルニアと銘打った宿泊施設もあれば、クレジットカードを使ったショッピングだってできる。かつてスコット隊が建てた小屋は今も残されており、当時のスコット隊を偲ぶ品々を展示した記念館として、マクマード基地を訪れる人々の観光名所となっている。

一方現在の南極点には、アメリカが建設したアムンセン・スコット基地がある。偉大な二人の探検家の名を冠したこの基地では、極地の気象観測や特有の環境を利用した天文観測などが常時行われており、夏場になると二〇〇人ほどの人々が滞在する。

そしてマクマード基地とアムンセン・スコット基地の間は、「マクマード南極点道路」が結んでいる。二〇〇五年末に完成したこの道は、ブルドーザーで雪が踏み固められ、クレバスが埋められ、連なる旗が道しるべとなっている。片道一六〇〇キロメートルにもおよぶこの道を通って、毎年一〇〇トンを超える物資が南極点に輸送されている。

シャックルトン隊、スコット隊、アムンセン隊、そしてわが国の白瀬隊などが数々の苦難を乗り越えて南極大陸を旅した時代は、いつの間にか遠い過去のものとなった。一世紀あまりの間に、時代はすっかり様変わりしてしまった。その代わりに、新しい時代の南極大陸には新たな役割が芽生えている。

かつてこの地で発見されたオゾンホールは、フロンガスの脅威を知らしめ、人類社会の救世主となった[11]。南極氷床のあちこちで採取された氷床コアが教えてくれる過去の気候変動は、来るべき地球温暖化に警鐘を鳴らした[12]。炭坑のカナリアのごとく、地球の変化の兆しを敏感に感じ取り、人類に情報を発信し続けてきたのである。これも南極探検に命を捧げた先人あっての成果である。私たちは、巨人の肩に乗ってはじめて遠くを見通すことができるようになったのである。

第六章　海が陸と出会う場所

正面には海があった。眼は冴え、自分たちを取り巻く伝奇的雰囲気に心を満たされて、われわれは一つの印象も取り逃さなかった。

トール・ヘイエルダール『コン・ティキ号探検記』

移ろう海面

さまざまな工場や巨大な娯楽施設。それに高速道路や巨大な橋がいくつも交差し、高層マンションが立ち並ぶベイエリア。二一世紀の東京から神奈川にかけての海岸一帯は、子供の頃に繰り返し読んだ絵本に描かれた未来都市の姿そのものだ。夜間でも空港から絶え間なく発着する航空機、空間を縦横に切り裂く高速道路や橋に等間隔に連なるオレンジのナトリウム燈、高層ビルに張り付いた窓の列などが織りなすイルミネーションは、幾何学的な美しささえ兼ね備えている。自然がすっかり失われてしまったとはいえ、この光の饗宴は圧倒的でさえある。

そんな美しいイルミネーションに背を向けて暗い海と向き合ってみる。頰を打つ潮風、まとわりつく磯の香り、防波堤で砕ける波の音。自然がもつ独特の厳しさが五感を通して心に沁みてくる。しかし海辺に立つと、人類の遺伝子に深く刻まれた古《いにしえ》の記憶が蘇ってくる。私たちは自らを「現代人」と呼び、長い過去を背負った生き物であることをしばしば忘れ去っている。

私たちの記憶の奥底に潜む海とは、その姿を七変化させてきた海である。凪いだ海や嵐に荒れ狂う海はもちろんのこと、時に起こる高潮、津波、そして日々上下を繰り返す海面の高さ。決して抗うことなどできない絶対的な実体がそこにある。

海面の動きは、各地の験潮場で観測されている。海面の高さが変化する理由はいくつもある。日々起きる潮の干満や月に一度の大潮・小潮はもちろんのこと、風による海水の吹き寄せ、気圧の変化など様々な要因がある。こういったものを一つずつ丹念に補正すれば、その記録からは長期的な海面変動の姿が浮かびあがってくる。海面の高さは、私たちの記憶に刻まれた時代においても決して一定してきたわけではない。

過去一〇年あまりにわたって、海面は一年に三ミリメートルほどのスピードで上昇してきた。(1)二〇一三年の海面は、私たちがY2K問題で大騒ぎしていた頃に比べると四センチメートルほど高くなり、この国がバブルに浮かれていた頃に比べるとおよそ八センチメートル高くなっている。自然が元来もつリズムに、近年の地球温暖化の影響が重なって生み出された変動だ。このゆっくりとした海面上昇は、一九世紀半ば以降、程度の差こそあれ、休むことなく続いてきた。現在の海面は、明治維新のころから比べると二五センチメートルも高くなっている。(2)

とにかく、現在の年間三ミリメートルのうち半分は、海水の温度が上昇することにともなう体積膨張が原因だ。これまで観測された膨大な海水温のデータを解析した結果、一九五〇年代から一九九〇年代にいたる四〇年間に平均〇・三一℃上昇している。(2)地球温暖化は海にも変化をもたらしているのである。このわずかな温度上昇が、その体積をほんの少しだけ膨張させる。私たちの身長が二メートルにも満たないのに対し、海の平均水深は三七〇〇メートルあまりもある。(3)些細な体積膨張でも、大自然に比べればはるかにちっぽけな私たちの視点からすると、十分に意味のある数字となる。

海面上昇の残りの半分は、世界各地の山岳部にある氷河や、グリーンランドと南極に腰を据えた大きな氷床が少しずつ融けたことによる。今後、地球温暖化によって海面上昇は加速するだろう。最も控えめな予測でも二一世紀後半には現在より二〇センチメートルの上昇を見越している。[2]中には、西暦二一〇〇年に海面は現在よりも一メートル近く高くなると予測するコンピューター・モデルもある。[2]そう遠くない将来、海面上昇が私たちの暮らしにとって脅威となる時代が間違いなくやってくるだろう。

生き物が集うホットスポット

そんな時代を目前に控えているとはいえ、不幸なことに、私たち人類は海岸沿いに暮らすのをことのほか好む生き物だ。その証拠に、東京や大阪などに限らず、ニューヨーク、アレキサンドリア、上海など海岸沿いの大都市は枚挙にいとまがない。日々の糧となる魚や貝を採ったり、河川が生み出す肥沃な大地で農耕を営むこと、さらに飲み水の便などを考えればもっともなことである。時代が下れば、船を使った交易に便利という一面も加わっただろう。

多くの人々が集う海岸沿いの平地は、「沖積《ちゅうせき》平野」と呼ばれる。上流の山岳部で日々山肌にカンナをかける河川が生み出す土砂は、川の流れと連れ立って下流に運ばれる。水の流れに時に激しく、また時にやさしく翻弄される砂や泥の一粒一粒とはいえ、それらが最終的にたどり着く先は川が海と出会う河口である。川の流れが止まる河口で川底に降り積もってゆくのである。夜を日に継ぐこの作用によって、河口はどんどん沖へ向かって伸びていく。沖積平野とは、このようにして生まれた平地である。

日本のように治水が進んだ国では、上流に土砂を堰き止めるダムがあり、中流や下流には少々の増水でもびくともしない堅牢な堤防が川筋の両側を囲んでいる。行儀よく躾けられた川が夏の豪雨などで時に引き起こす洪水は、あくまで例外的な現象にすぎない。

しかし人類の手が加わっていない天然の河川では、こうはいかない。雨期になると毎年のように洪水が起き、そこらじゅう水浸しになる。大量の土砂を含んだ茶色の泥水は、下流でその土砂を一気にまき散らす。それだけではない。土砂と同時に大量の栄養分ももたらしている。これこそ文明を育んできた地球の営みである。

古代エジプト文明は、ナイル川が毎年のようにまき散らす養分によって生み出された「肥沃な大地」を礎とした。肥沃な大地は作物を育み、その作物が家畜を育て、そしてそれらが人々を育てたのである。日々の糧に困らない人々には余暇が生まれ、そして文化が生まれた。

古の人々にとって、洪水は耕作地の破壊者であると同時に、そこに栄養をもたらす恵みの神でもあった。人類は長らく、治水に心を砕く一方で、洪水と共存する道を模索してきたのである。

太田道灌が江戸に城を築いた一五世紀半ば、利根川は現在のように銚子ではなく、江戸湾（現在の東京湾）に流れ込んでいた。現在の江戸川は、かつての利根川の下流部に当たる。後にここに居を定めた徳川家康は、利根川の流れを当時銚子に流れ込んでいた鬼怒川に付け替える「瀬替え」を行った。おもに水運確保のためである。その完成には莫大な予算と半世紀以上もの時間を要した。江戸の町は、その後、何度も洪水に襲われた。特に、一七四二年（寛保二年）、一七八六年（天明六年）、一八四六年（弘化三年）の水害は被害が大きく、江戸の三大洪水とも呼ばれている。

瀬替えのおかげで利根川は、この国でもっとも広い流域面積をもつようになった。そしてこの川を流れ下る水量も半端な数字ではなくなった。もともと暴れ川として知られた利根川の洪水対策は近代に入ってからも続き、一九〇〇年（明治三三年）から三〇年をかけて大規模な工事が行われた。明治初期から各地で頻発した洪水がその背景にあった。この治水工事によって、これまで利根川流域を襲ったいかなる洪水をも防ぐ堤防が出来上がり、今に至っている(4)。

一方、利根川と切り離された東京湾では、家康によって人工的な埋め立てが始まっている。家康が江戸にやってきた当時、現在の日比谷公園一帯は小さな入り江だった。江戸城の傍らには、波が洗うのどかな渚が広がっていたのである。城下町を造る土地を確保するために行われた埋め立ては、秀吉の大坂以来の大規模な埋め立て事業だった。東京湾沿岸では、明治以降本格的な埋め立てが始まり、現在まで二万五〇〇〇ヘクタールあまり、つまり一六キロメートル四方にあたる新たな陸地が生まれた。今の街の姿からは想像もつかないことだが、新橋、銀座、日本橋あたりは、江戸時代まで海の底だった。

しかし地球全体で見れば、人間の手によって埋め立てられる海は、河川が運ぶ土砂によって埋め立てられる海に比べれば取るに足らない広さだ。世界で最も大量の土砂を運ぶ川は、インド東部とバングラデシュを流れ下るガンジス川だ。その土砂量は一年間に一七億トンにも達する(5)。わずか一日で東京ドーム三杯分の土砂を運んでいる計算だ。これがすべて河口域に溜まり、陸地をどんどん広げていくのである。

これほど大量の土砂が流れてくるにはもちろん訳がある。ガンジス川が、今なお隆起を続けるヒマラヤ山脈に源流をもつからだ。おかげで、ガンジス川の河口には巨大なデルタ地帯が広がり、この肥沃な大地は今日もなお拡大しつつある【図15】。

一億五〇〇〇万人あまりもの人々が暮らすバングラデシュは、国土の大部分がガンジス川とブラマプトラ川によって生み出された世界最大のベンガル・デルタである。夏のモンスーン期になると、毎年のように洪水がベンガル・デルタを襲う。この国では、国土の半分以上が洪水によって覆われることも決して珍しくない。人々は洪水から身を守るために、盛り土をして周囲を堤防で囲った集落を造り、洪水と共存しながらそこに暮らしているのだ(6)。

一方、ベンガル・デルタは広大なマングローブ林が広がる豊かなジャングルを育み、ベンガルトラをはじめ多様な生き物がそこに暮らしている。この豊かな生態系は、ガンジス川が運ぶ大量

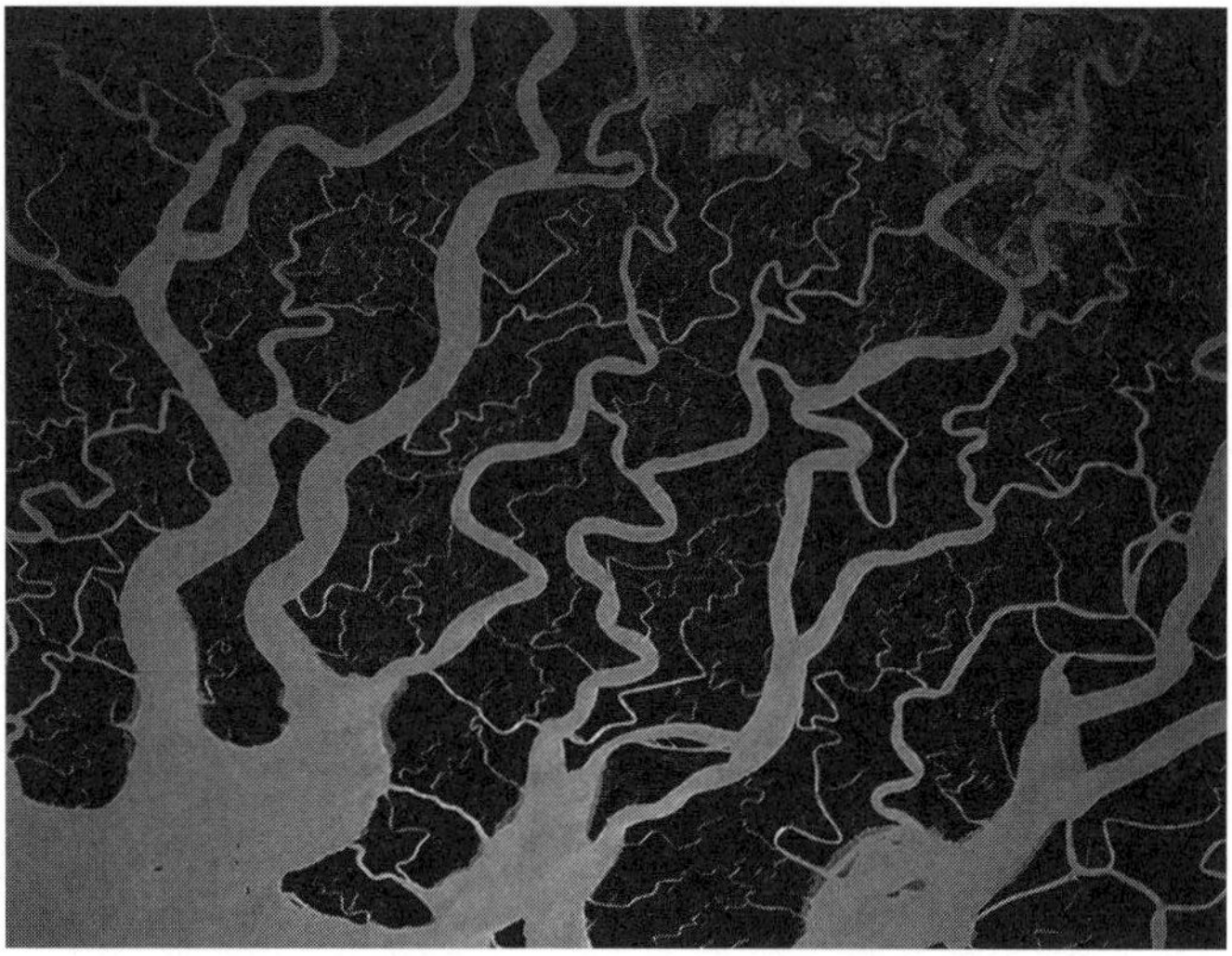

【図15】ガンジス川河口付近に広がるデルタの衛星写真（縦60キロメートル× 横80キロメートルほど）。無数の河川が網の目状に広がっている。これでも巨大なデルタのごく一部にすぎない。
引用元：http://universe-beauty.com/Space-photos/Earth-from-space/Ganges-Delta-7497p.html

の土砂と決して無縁ではない。土砂の中には養分が大量に含まれているのである。川が海と接する場所に集まる生き物は、ヒトだけではない。あらゆる生き物が集うホットスポットとして、この星の環境に多大な影響を及ぼしてきたのである。

氷期が過ぎ去って

今から二万年前、私たちが暮らすこの星は氷期の真っ只中にいた。巨大な氷の塊が大地を覆うのは、南極大陸やグリーンランドだけではなかった。北米大陸の北部を占める現在のカナダの国土のほとんどやヨーロッパ北部が、いずれも厚さ三〇〇〇メートルを超える分厚い氷に覆われていた。こういった巨大な氷は、海から大量の水を抜き取り陸上にストックする。つまり、その分だけ海水量は減ることになる。おかげで、当時の海面は今より一三〇メートルも低かった[7]。

さらに時間を一〇万年ほど遡ると、海面は再び現在とほぼ同じ高さになる。地球の気候は、過去数百万年にわたって氷期という寒い時代と間氷期という暖かい時代を繰り返してきた。海面も、それに合わせて高低を繰り返してきたのである。現在、私たちが暮らす地球は間氷期で、海面が最も高い時代に当たる。

世界中の海底が詳しく調査されるようになってはじめてわかってきたことだが、大陸沿岸ならどこでも、海岸から水深一三〇〜一四〇メートル付近にまで緩やかに傾斜した平坦面が続いている。いわゆる大陸棚である。そして、そこから先は傾斜が大きくなって、深海にまで落ち込んでいる。このことは、かつて水深一三〇〜一四〇メートルあたりまで、河川が運ぶ土砂によって埋め立てられてきたことを物語っている。

過去の海面の動きを正確に知りたいなら、サンゴ礁やマングローブの化石記録を詳しく調べることだ。たとえば、シカの角のように伸びる枝状のサンゴ、アクロポーラ・パルマータは、浅い海に暮らすサンゴの中でも特に浅瀬を好む。生き抜くためにたっぷり光を必要とするこういったサンゴの化石を海底下に追いかけていけば、昔の海面の高さをかなり正確に復元することができる。サンゴは炭素をたっぷり含む炭酸カルシウムの骨格を作るから、それが生きていた時代は放射性炭素年代測定によって正確に知ることもできる。そうやって求められた点を一つずつ結んでいくと、時代とともにどのように海面が上下してきたかが正確に復元できる。

一三〇メートルも海面が低かった二万年前、海岸線は今よりずっと沖合にあった。この頃、東京湾や大阪湾といった入江はもちろんのこと、瀬戸内海もすべて干上がっていた。本州と四国、そして九州はべったり地続きになり、私たちが見慣れた日本列島の姿は、大きくデフォルメされていたのである。

東京湾の海底を詳しく調査すると、その中央部に深く彫り込まれた一本の谷筋が現れる。江戸川、隅田川、多摩川といった東京都を流れ下る川だけでなく、千葉県を流れる小櫃《おびつ》川や神奈川県東部を流れる鶴見川など、東京湾にそそぎ込むあらゆる河川をすべて集める巨大河川「古東京川」の出現である。かつて実際の川として機能していたこの古東京川は、海面が最も下がった二万年前、現在の三浦半島の先端に近い久里浜沖にその河口があった(8)。

本州と北海道を分かち、日本海と太平洋を結ぶ津軽海峡は、最短でも二〇キロメートルほどある。普段から風が強く荒れることの多いこの海峡は、海の難所としても知られてきた。その荒くれぶりと厳しい自然に翻弄されてきた人々は、水上勉の小説『飢餓海峡』のモチーフにもなった。

しかし海面が低下するにつれて、津軽海峡の両岸は少しずつ近づいてくる。特に津軽半島の北端の竜飛崎と、その対岸にあたる北海道最南端の白神岬をつなぐライン、つまり現在の青函トンネルの直上付近で北海道と本州はもっとも接近する。そして一三〇メートル海面が低下したとき、両者は地続きになる。津軽海峡は完全に閉じてしまうのだ。北海道と本州を結ぶ陸橋の両側は、それぞれ太平洋と日本海に面した入江となる。東北地方で見つかる当時の動物化石には、北海道からやってきたと思しきものが時に混じっている。[9]

わが国と韓国を隔てる対馬海峡もしかり。海面が一三〇メートル下がると対馬と九州は地続きになり、徒歩で行き来できるようになる。対馬と朝鮮半島を分かつ海峡は、おそらく幅わずか二、三キロメートルにまで狭まったはずだ。[9] 歴史時代を通して、多くの人々が危険を顧みず行き来し、数々の文化が往来したこの海峡は、ちっぽけな船でも難なく行き来できるまことに狭隘な水路になる。

おかげで氷期の日本海は、一本のか細い海峡でのみ外洋とつながる閉じた海に変貌した。その影響は、思わぬところにも及んだ。現在冬の日本海側で見られる豪雪の原因は、黒潮の支流である対馬暖流が日本海にもたらす熱エネルギーである。真冬にシベリアから吹き下ろす凍てつくような北西の季節風は、日本海東部で温かい海水と出会う。まるで風呂から立ち昇る湯気のような大量の水分を吸収した季節風は、日本列島の骨格をなす山脈に当たって豪雪をもたらすのである。ところが氷期は違う。対馬暖流が日本海に流れ込まないおかげで、日本海の水温は現在よりもかなり低下していた。おかげで日本海からの蒸発量は格段に減り、日本列島に降る雪の量も現在に比べるとずっと少なかったのである。[10]

詳しい海底調査は、さらに興味深い事実を教えてくれる。中国奥地に広がる黄土高原を横切る黄河は、揚子江に次ぐ中国第二の大河である。現在の黄河は、朝鮮半島の西側に広がる黄海のさらに奥にある渤海《ぼっかい》に流れ込んでいる。しかし渤海と黄海はいずれも水深一〇〇メートルに満たない浅い海だから、海面が下がれば陸側から徐々に干上がってくる。それとともに黄河の河口はどんどん沖へと移動してくるのである。黄河の河口から延々と深く刻み込まれた海底谷がその動かぬ証拠だ。そして一三〇メートル海面が下がったとき、黄河の河口は、長崎の五島列島と済州島のちょうど中間付近にくる。そこは東シナ海から対馬海峡に向けて伸びる細長い海路だ。二万年前、ここに流れ込んだ黄河の水はそのまま日本海へと運ばれ、日本海の淡水化を引き起こした。まるで現在の黒海である。実際、当時の日本海の海底には硫化鉄に富んだ真っ黒な泥がたまった。

各時代における海面の高さがわかれば、今度は海面上昇がどのくらいのスピードで起きたのかを推定することができる。もっとも速い海面上昇は、今から一万四五〇〇年ほど前に起きた。当時の海面が上昇するスピードは、一年間に五センチメートルはあっただろう。(6) いまの二〇倍ほどのスピードである。

旧石器時代に幕が降り縄文時代に入ったばかりのこの時代、日本には現代日本人のご先祖様が暮らしていた。年々上がり続ける海面は、海岸付近に暮らす人々の生活を脅かしたに違いない。彼らは自然の威力の前に、ただひれ伏すばかりだったのである。こういった海面上昇に翻弄された人々が、洪水伝説を生み出したとしても不思議ではない。

ノアの洪水

洪水伝説としてもっとも広く知られているのは、旧約聖書に記された「ノアの箱舟」の物語だろう。神が起こした四〇日におよぶ洪水によって、箱舟に乗り込んだノアの家族と動物だけが生き残ったというものである。宗教の世界から離れてもしばしば耳にするこの手の洪水の物語は、実話を下敷きにしているという説が昔から絶えない。世界各地で似たような洪水伝説が残されているからだ。一説によると、ノアの洪水の伝説は中近東、特に黒海周辺に起源をもつらしい[11]。

黒海は、トルコの北側、ウクライナの南側に位置している。日本の国土とほぼ同じサイズをもち、平均水深が一三〇〇メートルといういっぱしの「海」だ。黒海は、イスタンブールの町を真っ二つに切り裂くボスポラス海峡を通して地中海につながっている。

トルコのイスタンブールは、紀元前七世紀以来、洋の東西を結ぶシルクロードの要所として長らく栄えてきた。町の中心部から一〇キロメートルほど北に行けば、そこからは広大な黒海が見渡せる。この町は「海の道」の要所でもあるのだ。ボスポラス海峡を通して、地中海沿岸のあらゆる町はアジア西部と結ばれている。

「牝牛が歩いて渡る」という意味をもつこの海峡は、最も幅が狭いところでわずか八〇〇メートルしかない。横浜港をまたぐ横浜ベイブリッジより少々狭く、関門海峡より少々広い程度だ。つまり黒海とは、日本の国土ほどの大きさをもちながら、唯一この細い海峡を通して外洋とつながっているにすぎない。おかげで、黒海の水がすべて入れ替わるのに二五〇〇年もかかる。二万年前の日本海は、まさしく現在の黒海のような状態だったのである。

外洋とつながっている以上、黒海を満たすのは塩水だ。しかし、その塩水の性質は他の海とはちょっと違う。水深一五〇メートルより深い部分に、まったく酸素ガスが溶けていないのである。その代わりに私たち多くの生き物にとって有毒な硫化水素が大量に湧き、酸素の欠乏した還元的な環境になっている。還元的な水になるにはわけがある。

黒海には多くの川が流れ込んでいる。その代表がドナウ川である。はるかドイツ南部に端を発し、オーストリアの首都ウィーン、ハンガリーのブダペスト、セルビアのベオグラードなど東欧の大都市を流れ下った後、黒海北西岸にゆったりと流れ込んでいる。美しく青きドナウは、黒く淀んだ海へと流れ込む運命《さだめ》にある。

ドナウ川など河川を通して黒海に流れ込む淡水は、黒海に大きな影響を及ぼしている。河川から流れ込む淡水は、ボスポラス海峡を通して流れこんでくる重い海水の上を覆うことになる。まるでアイスコーヒーとガムシロップの関係だ。スプーンやストローで強く攪拌しないかぎり、ガムシロップはコーヒーと混ざらないように、混ぜる手立てのない黒海では、決して混じり合うことのない二つの液体が層構造をなす海となる。そのため黒海の深層は淀み、酸素の欠乏した水界が広がっている。黒海という呼び名は、英語の「Black Sea」の日本語訳だが、黒海の水中で湧く硫化水素が海水中の鉄と結びついて真っ黒な硫化鉄が自然に生み出されていることに由来している。

一三〇メートルほど海面が低かった二万年前、黒海と地中海を結ぶボスポラス海峡も干上がってしまっていた。ボスポラス海峡はもっとも浅いところで三〇メートルほどの水深しかないからだ。つまり黒海は地中海と分離され、巨大な湖にその姿を変えていたのである。黒海の周辺は、当時乾燥地帯が広がっていたから、いったん海と切り離されてしまった黒海の当時の海面は、現在よりもずっと低かった。

ところが今から九四〇〇年ほど前、黒海の海面が急激に上昇し始める。[12] 氷期が終わり世界的に海面が上昇するのにともない、ボスポラス海峡を通じて海水が溢れてきたのである。最初は満潮時にだけちょろちょろと急斜面を流れ下る小川にすぎなかっただろう。しかし海面がどんどん上昇するにつれ、その流れは太く大きくなり、黒海の海面をみるみる押し上げていった。

黒海の海面は、数年の間に八〇メートルも上昇したという説もあれば、もっとゆっくりと三〇メートル上昇したという説もある。[13] いずれにせよ、当時黒海沿岸に暮らしていた人々にとって、突然上昇しはじめた海面は、神の無慈悲な怒りにしか思えなかったに違いない。先祖から代々受け継いできた農地を捨て、多くの人々は中央ヨーロッパに移住した。人々の暮らしだけでなく、当時黒海沿岸で栄えた伝統や文化の多くは黒海の底へと沈んでしまったのである。その一方で、ヨーロッパへ移住した人々がもたらした文化は、当時文化的に遅れていたヨーロッパが後に栄える礎となる。[14]

地球温暖化による海面上昇を目の前に控え、「ノアの洪水」の顚末が教訓めいて聞こえるのは私だけだろうか。

街に隠れた海面変動

動かざること大地の如し。とは言うものの、地震が来れば大地はぐらりと揺れるし、そもそもすべての大地はプレートに乗って日々水平に移動している。それに多くの大地は、上下（鉛直）方向にもごくゆっくりと動いている。格言とは裏腹に、大地は常に動き続けているのである。

一三〇〇万人の人々が暮らす大都市、東京も決して例外ではない。東京は、街全体がごくゆっくりとしたスピードで隆起（上昇）し続けている。この巨大都市に住む人なら、今日は昨日より、そして明日は今日より高い位置にいる。もちろん私たちの感覚では決してとらえることができないゆっくりとしたスピードだ。

大地がヒントを与えてくれる。

東京はとにかく坂の多い町だ。地名にも、赤坂、神楽坂、三宅坂、道玄坂、乃木坂……と挙げればきりがない。平坦な京都の町で生まれ育った私にとって、街の中を散策するたびに坂を上り下りしなければならないことは、この都会で暮らすようになった当初驚きだった。

今や二三区内はどこもかしこも都市化され、自然の片鱗を見出すことすら難しくなっている。とはいえ、どの坂を登り切ってもそこにもう一つの平坦面が広がるという街の原形は変わることはない。言うまでもなく、隅田川や荒川の周辺に広がる海面すれすれの平地が「下町」で、標高二〇〜四〇メートルにあるもうひとつの平地が「山の手」である。たとえば、JR山手線の鶯谷駅から田端駅付近に至る沿線の西側には、下町と山の手を分かつ崖が延々と続いている。都内に数ある坂は、まるで二つの世界をつなぐ回廊である。

東京という街に二面性をもたらす二つの平坦面は、かつて起きた海面変動と深い関係がある。[15] 過去数百万年間にわたって地球の気候は、氷期と間氷期を幾度となく繰り返してきた。それに合わせて両極に生じる氷床が拡大と縮小を繰り返し、海面も大きく変動してきた。現在は相対的に暖かい間氷期にあたり、海面も高い時代だが、二万年前の氷期には海面は一三〇メートルも低下した。そしておよそ一二万年前、一つ前の間氷期の海面は、現在とほぼ同じ高さにあった。そもそも広い平坦面は、沖積平野と同じく、かつてそこが海面と同じ高さにあった証拠でもある。

山の手とは一二万年前、つまり一つ前の間氷期に作られた沖積平野なのである。それがこの一二万年の間に現在の高さにまで地殻変動によって隆起したのである。一二万年前の海面は現在とほぼ同じ高さだったから、山の手は一年間に〇・二〜〇・三ミリメートルというスピードで隆起してきたことになる。過去の延長にある現在も、おそらくこの程度のスピードで隆起しているはずだ。

一九二三年（大正一二年）に首都圏西部を襲った大正関東地震は、東京に未曾有の大災害をもたらした。いわゆる関東大震災である。この地震は、相模湾海底に延びる巨大断層がずれたために引き起こされたものだ。東日本を乗せる北米プレートとフィリピン海プレートの境界で起きたこの地震の規模はマグニチュード7・9だった。

大正関東地震は激しい地震だったとはいえ、一九四六年に起きた昭和南海地震やまだ記憶に新しい東北地方太平洋沖地震に比べれば、その規模は小さい。マグニチュードは1増えるたびに、エネルギー量は三二倍になる。つまりマグニチュード9・0だった東北地方太平洋沖地震のエネルギーは、主な余震を含めても大正関東地震の五〇個分はある。ただし、被害は地震の規模だけでは決まらない。

大正関東地震による被害は、震源断層からむしろ遠い東京都東部の下町に集中した。下町を作る沖積平野は、海面が現在の高さになった過去数千年間に、利根川などによって作り出されたものだ。その地盤は、およそ一二万年前に作り出された山の手よりもずっと若い。土壌の粒子の隙間に水分がまだ多く含まれており、それが地震の揺れを増幅する。その直後に続いたマグニチュード7を超える五回の余震も被害を拡大させた。倒壊した家屋に火が付き火事が発生したが、おりしも北陸付近を通過していた台風の影響で、東京は火の海に包まれた。死者行方不明者は一〇万人あまりを数えた。

人類の足跡

古の人々が残した足跡は、時を遡るにつれて希薄になる。弥生時代の人々の暮らしは大和時代のそれより知られていることが少ないし、縄文時代の暮らしは弥生時代よりもさらに知られていない。単に時が過去の記録を劣化させてきたからだけではない。時代とともに徐々にせり上がってきた海が、記録を文字通り洗い去ったからである。

大森貝塚は、明治初期に東大のお雇い教授を務めたエドワード・モースによって東海道線の車窓から発見された。この貝塚は、今から三〇〇〇年ほど前に私たちのご先祖様が営んだ共同生活の名残である。現在標高一〇メートルあまりの崖から運よく発見されたこの貝塚は、当時の海面の高さが現在とさほど違わなかったことを示唆している。

時計を逆回転させてみよう。今から七〇〇〇年ほど前、海面の高さは現在より三～四メートル低くなる。そして時間を遡るにつれ、海面は急速に低い位置へと移動していく。八〇〇〇年前はおよそ二〇メートル低く、一万年前になると四〇メートル以上も低かった(6)。当然、人々の暮らしの舞台は、時を遡るにつれ現在の海面下へと移動していくことになる。アクセスしにくい海面下は、調査も容易ではない。しかも河川から運ばれてくる大量の土砂によって、当時の記録は次から次へと埋もれていく。古代の人々の暮らしを知るための証拠が海面下へ移動し埋没してしまうことが、過去を復元するうえで大きな足かせとなっているのだ。

とはいえ時として、海底から古代の人々の暮らしの証拠が運よく見つかることもある。わが国では、青森県津軽半島西海岸や与那国島などで発見されたものが知られている。最近では、インド西部のカンベイ湾で九五〇〇年前の巨大な古代都市が発見された。こういった海底遺跡は、ムー大陸やアトランティス大陸といった海洋伝説に絡めて話題となることがある。しかしその昔、海面が現在よりもずっと低かったことを考えると、突飛な伝説など持ち出す必要はない。

もっとも、元来陸上にあったものが、地殻変動で海底下に移動したものもある。紀元前から栄えたアレキサンドリアはその典型だろう。古代エジプトで花開いたこの「地中海の真珠」は、その後の地震にともなう地殻変動によって数メートル沈降した。おかげで海岸沿いにあった古代都市の名残の多くは、海底に沈んでしまった。プトレマイオス一世によって建造され、アレキサンドリア海岸沿いの小さな島にそびえ立っていた灯台「ファロス」もその一つである【図16】。

ギザのピラミッドに次ぐ高さ一三〇メートルあまりを誇ったこの灯台は、古代エジプトの繁栄の象徴として長らく君臨した。人類の手による二番目に高い建造物(16)の座を一六〇〇年あまりにわたって占めていたこの灯台は、西暦一三二三年にアレキサンドリア周辺を襲った大地震で崩壊した。

ファロスの残骸が実際に海底から発見されたのは一九九四年のことである。以前から、その断片が海底に散らばっていることが指摘されていたが、フランスの考古学研究チームがアレキサン

【図16】プトレマイオス１世によって、アレキサンドリア沖の小さな島に建てられた巨大な灯台ファロス。ファロスは14世紀の地震で崩壊し、この小さな島は，その後の沈降によって海面下に沈んでしまった。
引用元：http://www.nccsc.net/essays/metaphysical-archaeology-lighthouses-part-ii

ドリア沖で行なった大規模な海底調査によって、ファロスの残骸を大量に見いだした。

現在の東京湾や大阪湾など、二万年前には陸地だった所の多くは、海面下に沈んでから多量の土砂が降り積もっている。もしそういった土砂をうまく剝ぎとることができれば、きっと古代文明の足跡が数多く見つかるだろう。

私たちが現在知る文明や文化は、おそらく人類が生み出したもののうちのごく一部にすぎない。その多くは海の中に埋もれてしまっているはずだ。今ある人類の繁栄がかつての栄光にならないように、私たちはそろそろ備えを始める時代が来ているのである。

第七章　塩の惑星

自然がいかに緊密に結合するかを目にすると、推論されるのは、さまざまな鉱物体が、堅固な物体となるまえに保たれていなければならなかった緊密な溶解状態である。

ゲーテ『地球の生成理論』

戦争や革命も

「塩《しお》」と聞くと、食卓上の小瓶に入った白い粉末を思い浮かべる人も多いだろう。少しでも化学を齧《かじ》った人なら、「塩化ナトリウム」を連想するかもしれない。

大昔から塩は私たち人類にとって貴重な調味料で、暮らしに欠かせないものだった。ただし塩は、食材の味を引き立てるためだけにあるのではない。代謝に必須の様々なミネラルを、効率よく補給する手立てとしてこそ重要なのである。塩の主成分の一つであるナトリウムは、私たちの体の中で細胞内のイオン濃度をコントロールする重要な役割を担っている。もう一つの主成分である塩素は血液の重要な成分で、胃酸にも含まれる。

塩分を取りすぎの傾向にある現代人は、塩に対してあまり良い印象をもっていないかもしれない。とはいえ、人類が歩んだ長い歴史において、塩の欠乏こそが健康を害する最大の要因のひとつだった。塩を絶やすことなく手に入れることは、昔から内陸に暮らす人々にとって常に頭を悩ませ続けてきた問題だったのである。その証拠に、塩がもとで戦争が始まり、時に革命すら起きた(1)。

フランス国民は、中世以降「ガベル」と呼ばれる悪名高い税金に苦しめられた。塩に懸けられたこの高い税から逃れるために、塩を密輸する者が後を絶たなかった。一部の罪人には死刑まで科せられた。それがフランス革命の引き金のひとつになったのである。

時代は下って二〇世紀前半のインドでは、マハトマ・ガンジー率いる数千人もの民衆が参加した「塩の行進」が呼び水となり、イギリスからの独立を果たした。インド人の手による自前の安い塩の売買を禁じられ、イギリス植民地政府が専売する高い塩を買わされていた不満が、独立運動の重要なモチベーションとなった。塩の恨みは、歴史まで動かしてきたのである。

良く知られているように、塩には食物を保存する効果もある。塩にはバクテリアなど微生物の殺菌作用があるから、腐敗して毒となる物質が生み出されることを防いでいる。日本の漬物や西洋のピクルスはそのよい例だろう。冷蔵庫や冷凍庫などなかったその昔、日照時間と野菜が不足しがちな高緯度地域の冬において、塩漬けの野菜は重要なビタミン補給源だった。また缶詰が発明される一九世紀初頭まで、塩漬けの食品は長期航海にとって必需品だった。

中世のヨーロッパでは、当時北大西洋で大量に採れたニシンやタラが塩漬けにされ、長期保存の利くタンパク源として人々に重宝された。(2) 少々大げさな言い方をすれば、こういった保存食を作る技術が人々をタンパク質不足から救い、ヨーロッパが発展する大きな礎となった。

塩漬けの保存食品は、少なくとも古代エジプトにまで遡る。パピルスに書き残された次の一文が動かぬ証拠だ。

塩漬けの野菜ほど良い食べ物はない。(3)

ナイル川両岸に発達した古代エジプト文明の初期の頃は、ミイラを作る技術はまだ十分に確立されていなかった。しかし、当時埋葬された遺体がいまだに肉や皮を残していることがある。乾燥した気候だけでなく、塩を大量に含んだこの地の砂が遺体の腐敗を防いだのである。

遺体に限らずあらゆる食糧を腐らせない塩に対して、人々はいつしか信仰に近い想いを抱くようになった。塩を神聖なものと見なす風習は、世界各地に残されている。わが国では、塩はいまだに場を清めるためのものとしてシンボリックに用いられている。葬式では身を清める塩が参列者に配られるし、厄除けの盛り塩は飲み屋の出入り口でしばしば見かける。力士ががっぽり塩を摑んで土俵に撒くシーンは、相撲ファンならずとも見慣れた光景だ。ユダヤ教や古代ギリシャにも似たようなしきたりが残されているし、旧約聖書には次のように記されている。

あなたの素祭の供え物は、すべて塩をもって味をつけなければならない。あなたの素祭に、あなたの神の契約の塩を欠いてはならない。すべて、あなたの供え物は、塩を添えてささげなければならない。(4)

塩は、融氷雪剤としての使い道もある。冬の山道や橋が凍結するのを防ぐために、塩を撒くことは多くの国で行われている。塩を含むと、水は〇℃で凍らなくなるからだ。たとえば、塩を三・五パーセント含む海水が凍り始める温度はマイナス一・九℃で、三〇パーセント以上の塩を含む飽和食塩水にいたっては、マイナス二〇℃になっても凍らない。事実、極度に乾燥した南極大陸の沿岸部に分布する高塩分の湖は、極寒の冬でも凍ることはない。

私たちの身体の中にも塩が含まれている。血液やリンパ液といった体液には、およそ〇・九パーセントの塩が含まれている。その成分は、海水の塩分にそっくりだ。私たちの遠い祖先が、かつて海に暮らしていたことの名残なのかもしれない。そして、これは大切なことを意味している。つまり、私たちが生きていくには塩が不可欠ということだ。

私たちの身体が必要とする塩の量は、一日におよそ五グラムである。つまり現代の日本において、食糧用だけで一日に六〇〇トンほどの塩が必要になる計算だ。それに保存食を作るための塩、融氷雪剤としての塩、ソーダ工業などに利用される塩などまで合わせると、必要な塩の量はずっと大きな数字になる。実際わが国で消費される塩の量は、一日に二万トンを超える。これほど大量の塩を供給し続けなければ、世の中回っていかないわけだ[5]。塩を作り市場に供給することは、大きなビジネスなのである。

わが国における塩の販売は、一九九七年まで日本専売公社が独占していた。国民が買う塩の売り上げは国の重要な財源だったのである。日本だけではない。歴史に登場するほぼ全ての国において、このことは確認されている。万人が消費する塩の売り上げに目をつけなかった国家はないといっても過言ではないのである。

必定、塩は人類との間に深い関係が生まれた。それは新しい概念や言葉とも結びついた。塩(Salt)は、「サラリー(給料、Salary)」や「ソルジャー(兵士、Soldier)」の語源であり、「サラダ(Salad)」とは塩をふるという意味である。

塩を採る

私たちの暮らしに欠かせない塩は、もちろん海の中にたくさん溶けている。いつの時代も、海水は塩の重要な「原料」だった。わが国では、各地に塩作りの伝統や記録、そして遺跡が残されている。奈良時代には、若狭地方から宮廷に塩が献上されていた。現在原子力発電所問題で揺れている大飯や敦賀は、その頃から製塩が盛んな土地柄だった。当時の遺跡からは、製塩用の土器が多数発掘されている。ヨーロッパではベネチアが良い例だろう。その昔貿易で栄え、今は観光で賑わうポー川のデルタに広がるこの町も、始まりは塩作りだった。

しかし海水から塩を取りだすことは、それほどたやすいことではない。一リットルの海水から得られる塩はわずか三五グラムほどにすぎない。一キログラムの塩を手に入れようとすると、三〇リットル近くの海水を煮詰めねばならないことになる。塩作りがいかに大変な作業であるかを物語る数字である。

わが国では、江戸時代初期から末期まで鎖国していたため、国外から塩がもたらされることはなかった。つまり国内で生産される塩に一〇〇パーセント頼らざるをえない状況だったのである。江戸末期、三〇〇〇万人もの人々に十分な量の塩を供給するために、各地で製塩業が発達した。中でも、雨の少ない瀬戸内地方ではもっとも塩作りが盛んで、海水を引き込んだ入浜式の塩田がそこここに作られた。天日で海水を十分に濃縮してから、それを小屋の中に引き入れ、大釜の中でぐつぐつ煮詰めて塩を作るという二段階方式の製塩法が編み出された。煮詰めるためには、大量の薪が必要となる。特に火力が強い松が重宝された。おかげで、江戸時代後半になると瀬戸内地方の山はほとんど禿山と化した。後に筑豊炭田で採れた石炭が製塩に用いられるようになるまで、瀬戸内の山々から緑は失われたままだったのである。

ところが世界的に見ると、海水から塩を作る所より地層中に岩塩という形で含まれている塩を「採掘」していたケースが圧倒的に多い。塩は「地下資源」としても存在しているのである。太古の昔に、地殻変動によって一部の海水が内陸に閉じ込められ、それが自然に蒸発して生まれたものが岩塩である。岩塩は地層の一部として世界中に点在している。岩塩を産する国は非常に重要な地下資源を手にしているというわけだ。製造の手間やコストという面からみると、岩塩を採掘する方が海水から塩を取りだすより圧倒的に簡単かつ安上がりなのである。

ウォルフガング・アマデウス・モーツァルトが生まれ育ったクラシック音楽の聖地、オーストリアのザルツブルク（Salzburg）は、町の名前自体が「塩の砦」という意味である。中世以降、この地方で採れる岩塩が通行する際にかけられた税金は、モーツァルトが一時期仕えたザルツブルク大司教に納められ、町を潤していた。

わが国では残念ながら、岩塩はほとんど産出されない。塩は昔から海水から作らざるをえなかったわけである。おかげで、昔から内陸部ほど塩が枯渇しがちだった。戦国時代には、現在の山梨県から長野県に至る一帯を支配した武将武田信玄が、袂を分かった今川義元から経済封鎖を受けた時、ライバルの上杉謙信が塩を送った美談はよく知られている。このエピソードは、「敵に塩を送る」というわが国特有の行動美学を言い表す表現を生んだ。

山梨県よりさらに内陸に入った長野県では、塩はさらに貴重な食品だった。塩売りが運んできた塩が売れ残ることはなく、売り尽くすところはいつしか塩尻と呼ばれるようになった。

海の塩

海水一リットル、つまり一キログラムほどの海水の中にはおよそ三五グラムの「塩」が溶けている。もちろんその主成分は塩化ナトリウム、つまり食塩である。この塩化ナトリウムは海水中では、塩素とナトリウムという二種類のイオンとしてばらばらに存在している。両者は、塩という結晶を作るときに結びついたにすぎない。そして海水に溶けている塩の成分は塩素とナトリウムだけではない。それ以外にプラスの電荷をもつマグネシウム、カルシウム、カリウム、マイナスの電荷をもつ硫酸、炭酸をはじめとして一〇種類を超えるイオンが溶けている。海水をどんどん蒸発させていくと、プラスの電荷をもつイオンが、マイナスの電荷をもつイオンとさまざまな組み合わせを作って海水から晶出してくるのである。

実際に蒸発実験をやってみるのが手っ取り早い。海水を入れた鍋を火にかけて、煮詰めていくだけの簡単な実験である。一九世紀半ばにイタリアの化学者ユジリオが行った注意深い実験は、一世紀半あまりを経た今でも重要な研究成果である。(6)

海水を煮込んで、その量が元の半分くらいになると、石灰石（炭酸カルシウム）がわずかに沈殿する。さらに煮詰めていくと、次に石膏（硫酸カルシウム）が少々沈殿する。そして海水がもとの一〇分の一ほどにまで煮詰まってはじめて塩化ナトリウム、いわゆる食塩が沈殿しはじめる。塩化ナトリウムは、海に溶けている塩の成分のおよそ八割を占める。そのため、その沈殿は次々と起こり、しばらくは白い結晶が生まれ続ける。そして海水が残りわずか五パーセントほどにまで煮詰まると、今度は「にがり」の主成分である塩化マグネシウムが沈殿し始める。にがりの沈殿は、海水が蒸発し尽くしてしまうまで続く。にがりは、その名の通り苦味をもち、もちろん豆腐を作る際の凝固剤として使われるものである。

一般に、昔から良い塩と呼ばれてきたものは、塩化ナトリウムの比率が高いものである。だから海水を蒸発させてできた沈殿物を全て集めても良い塩にはならない。逆に言うと、塩作りのポイントとは、塩化ナトリウムが晶出し始めるタイミングと、にがりが沈殿しはじめるタイミングを見誤らないことだ。化学が発達していなかったその昔、塩作りは職人たちの勘だけが頼りだった。塩作りの技術は、限られた職人たちの間だけで口承され、各地に散らばる同業者の間で共有されることはほとんどなかった。

では、なぜ海水には塩が含まれているのだろう？　そもそも淡水である河川水が日々流れ込む海が、なぜ塩で満ちているのだろう？　この問いに一言で答えるなら、河川水に含まれるごくわずかな塩が、長い歳月を重ねて海に蓄積してきたからということになる。

陸地に降る雨や雪は、元来海水が蒸発したものだが、河川水や地下水となって再び海に戻ってくる。その時にわずかに塩を溶かし込んでくるわけだ。雨水や地下水が岩石と長年接していると、ナトリウムやマグネシウムといった成分が水の中に少しずつ溶け出してくるのである。世界の平均値でみると、一リットルの河川水に含まれるナトリウムはわずか五ミリグラムほどにすぎない。こういった河川水に溶けている物質の濃度は、河川が流れ下る大地の地質の違いに応じていくらか幅がある。たとえば、世界最大の流量を誇るアマゾン川に溶けているナトリウムは一リットルにつき二ミリグラムだが、アメリカを南北に縦断するミシシッピ川には、その六倍近い一一ミリグラムほどが溶けている。(7)とはいえこの程度の濃度だと、私たちの舌では検知されず、川の水は塩を含まないと一般に考えられることになる。しかし、厳密にはごくわずかながら塩を含んでいるのだ。

こういった数字を用いて、ちょっと簡単な計算をしてみよう。海に溶けているナトリウムの総量がおよそ一四〇兆トンであるのに対し、毎年川から海に運ばれるナトリウム量は三億トン弱である。つまりたとえ海が真水だったとしても、五〇万年後には現在のようにしょっぱい塩水に変わってしまうことになる。

五〇万年とは、私たちの暮らしの感覚からするととんでもなく長い時間だが、四五億年という地球の年齢に比べるとわずか〇・〇一パーセントほど。まったく取るに足らない長さだ。つまり、海から常に塩が抜けていない限り、海はすぐ塩で満ちてしまうことになる。実際の海では、ナトリウムをはじめあらゆる成分は岩塩として、あるいは鉱物に吸着して、毎年かなりの量が除去されている。現在の海は、河川などを通して流入してくる塩の量と、除去される塩の量がほぼバランスしている。だから数千年という歴史の時間スケールでは、海の塩分はほとんど変化しないのである。

逆に言うと、気が遠くなるほど長い地球の歴史を軸に据えれば、海の塩の組成が変化してきたとしても決して不思議ではないのではないか？　各地に残る様々な時代の岩塩を分析すれば、そんな問いに答えることができる。それによると、ナトリウムと塩素は、長い地球史を通して主成分であり続けたことはほぼ間違いない。しかし、カルシウムやマグネシウムといったそれ以外の成分については、時代とともにかなり変化してきた。たとえば、現在の海水にはマグネシウムはカルシウムの五倍程度含まれているが、およそ一億年前の白亜紀にはほぼ同じだったらしい(8)。

海水が干上がって中に溶けていた塩が結晶となった岩塩は、世界を見渡せばさまざまな場所で見出されてきた。特に地中海周辺ではかつて、他に例を見ないほど大規模な岩塩の形成が行われていたのである。

干上がった地中海

ヨーロッパとアフリカを隔てる地中海の入口は驚くほど狭い。イベリア半島南端の港町ジブラルタルと、アフリカ大陸北端の間を切り裂くジブラルタル海峡の幅は、わずか一四キロメートルしかない。ヨーロッパとアフリカが目と鼻の先で対峙するこの海峡を、ところ狭しと数多くの船が日々行きかっている。この隘路のおかげで、地中海に面した国々は世界を相手に渡り合い、世界史にその名を刻んだ。

ジブラルタル海峡は、最も浅いところで三〇〇メートル足らずにすぎない。雨が少なく乾燥した地中海では、海面から蒸発する海水量が、雨として天から降ってきたり河川から地中海にもたらされる水量よりも圧倒的に多い。今、もしジブラルタル海峡を閉じてしまったとしたら、地中海を満たす海水は三〇〇〇年ほどで干上がってしまう。

かつてドイツの建築家ヘルマン・ゼイゲルは、このことに目を付けた。一九二〇年代のことである。彼の考えはユートピア思想と結びつき、「アトラントローパ」と呼ばれる壮大なプロジェ

【図17】1920年代にドイツの建築家ヘルマン・ゼイゲルが、ユートピア思想と結びつけて編み出した「アトラントローパ」と呼ばれる壮大なプロジェクト。右側のスペインと左側のモロッコをつなぐいくつかの橋のうち、一番奥がジブラルタル海峡にかかるものである。
引用元：http://www.futilitycloset.com/2011/06/25/atlantropa/

クトの提案へと発展することになる。それは、ジブラルタル海峡にダムを建設して海水を堰き止めて地中海を湖とし、蒸発で湖面が下がることによってヨーロッパとアフリカを地続きとする。そのうえで、アフリカにあるサハラ砂漠を灌漑して緑化するというものである【図17】。こうすれば、アフリカの資源がより多くヨーロッパにもたらされ、ヨーロッパ人が簡単にアフリカへ移住できる。食糧不足・人口過多・失業問題といった当時ヨーロッパを悩ませていた難問を一気に解決する画期的なアイデアとして、一部の人々からは支持を集めた。この考えは、後にナチスに悪用されたこともあり、現代のヨーロッパではあまり思い返されることもない。

ともあれ、ジブラルタル海峡を堰き止め

るという荒唐無稽にも思えることが、かつて実際に起きたというから驚きである。今からおよそ六〇〇万年前の話である。類人猿から進化したばかりの私たちのご先祖様が、まだアフリカの草原に暮らしていた頃のことだ。ジブラルタル海峡が、地殻変動によって閉じてしまうのである。地中海の海面は徐々に下がり、ついには干上がってしまう。そこに現れたのは、ユートピアではなく大量の塩だった。

地質学者が「メッシニアン塩分危機」と呼ぶこの一大事件の痕跡が、地中海の海底から初めて姿を現したのは一九七〇年のことだった。アメリカの深海底掘削船グローマー・チャレンジャー号が地中海の海底を各地で掘削し、詳細に地質学的な調査を行った。驚くべきことに、一キロメートル近く掘り進むと、いたるところで分厚い塩の層にぶち当たったのである(9)。

当時の地中海は、おそらくひび割れた塩の沈殿物がどこまでも続く、不毛の大地だったに違いない。しかもそこは海抜マイナス二〇〇〇メートルという、不思議な場所である。当時から地中海に流れ込んでいたナイル川やフランス南部のローヌ川は、この海面(湖面)低下にともなって深い谷を刻み込むことになる。音波探査によると、こういった川の河口付近には深さ二〇〇〇メートルにも達する埋積された谷筋が見いだされている。現在、海面すれすれの平野に肥沃な三角地帯を作るナイル川の河口とはいえ、当時はまるでグランド・キャニオンばりの断崖絶壁をもつ大峡谷で、ナイル川はそのはるか底を流れる急流だったのである。

当時、地中海の海面が下がることによってナイル川が大地を深く刻み込んだ影響は、ずっと上流にまで及んだ。一九〇二年にナイル川の中流に完成したアスワン・ダムの建設工事を阻んだのは、メッシニアン塩分危機当時に掘り込まれた谷を埋める軟らかい地盤だった。

地中海の海底下を調査した結果、塩は海底下に二〜三キロメートルもの厚さの地層を作っていることが確認されている。専門家の見立てによると、地中海全体では一〇〇万立方キロメートルにおよぶとてつもない量の塩が海底下に秘められている。これほど大量の塩は、たとえ地中海の海水全てが干上がったとしても生み出されない。たとえば深さ二〇〇〇メートル分の海水が干上がると、そこには厚さ三〇メートルあまりの塩の層が生まれるにすぎない。干上がった地中海に、何度も繰り返し海水が流れ込んでは、それが次々と乾燥していったのである。まさに天然の超巨大塩田が出現したのであった。

メッシニアン塩分危機は、およそ五三三万年前まで六〇万年あまりにわたって続き、ようやく終わりを迎える[10]。その頃ジブラルタル海峡が地殻変動によって再び開き、大西洋の海水が地中海の塩溜りに一気に流入した。この時、大西洋から流入してくる海水の流量は、ナイアガラの滝の四〇倍に当たる毎秒七万立方メートルに及んだと推定されている【図18】。それ以降、ジブラルタル海峡は一度も閉じることなく現在に至っている。

メッシニアン塩分危機の痕跡は、ヨーロッパの陸上にも断片的に残されている。たとえばシチリア島には、メッシニアン塩分危機時に海底に大量に沈殿した岩塩だけでできた山がある。その後の地殻変動で大きく隆起したのである。

現在のボリビア西部に広がるウユニ塩原は、メッシニアン塩分危機時の地中海を彷彿とさせる。四国の三分の二ほどの広さを誇る世界最大の塩原は、アンデス山脈の隆起によって一部の海水が、標高三七〇〇メートルにまで持ち上げられてできたものだ。もっとも二万年前の氷河時代には、この地は湿潤な気候だったから塩原ではなく塩湖だった。一万年ほど前に起きた気候変動によって急速に乾燥化し、現在のような塩原にその姿を変えた。どこまでも続くひび割れた真っ白な塩の大地は、世界の絶景の一つとして数えられている。この地においてごく希に降る雨はこの塩原を薄く覆い、天空を鏡のように映す幻想的な景色が生まれる。

【図18】今からおよそ533万年前、メッシニアン塩分危機が終わり、大西洋から大量の海水が流入してくるジブラルタル海峡の様子を、現代に置き換えた漫画（文献13）。オリジナルはGuy Billotによる絵。

ただ美しいだけでは

ない。ウユニ塩原の塩は、燃料電池に必須のリチウムを多量に含んでいる。ウユニ塩原は、人類社会にとって重要な資源を供給する鉱山としても価値の高いものとなっている。

死海と塩

イスラエルとヨルダンの国境に沿って南北に細長く伸びる死海は、湖とはいえ塩分が濃いことで知られている。死海の水一リットルにつき三四〇グラムを超える塩が含まれており（海水のおよそ一〇倍）、飽和食塩水に似た状態になっている。塩分は水に浮力を与える。おかげで死海では、湖面に浮かびながら新聞を濡らさずに読むという芸当が誰にでもできてしまう。

塩分があまりにも高いため、魚などのふつうの生き物は棲むことができない。私たち人間とて、死海に長く浸かっていると体調を崩してしまう。浸透圧によって体内から水分がどんどん吸い出されてしまうからだ。このことが「死海」という恐ろしい名前の由来となった。

こんなに多量の塩が溶けているのにはもちろん訳がある。年間降水量が一〇〇〜一五〇ミリメートル程度しかなく、極度に乾燥した気候は、死海に流れ込むヨルダン川などの水をどんどん蒸発させていってしまう。さらに、灌漑などによって淡水の流入も減少した。この半世紀に、湖面は二〇メートル以上も低下した。同時に湖底では塩が少しずつ沈殿し始めている。

塩のおかげで、死海ではきわめて不思議な現象が時として起きる。第二次大戦中の一九四三年八月二五日の早朝のことだった。水上飛行機が死海に着水しようとしたところ、死海の湖面が白色に変色していたため、あわてて着水先を変更するという事件が起きた。湖面が白い物質に覆われ、干上がったように見えたのである。死海に急行した化学者がその白い物質を詳しく分析したところ、湖水中に溶けていたカルシウムが炭酸と結びついた結晶であることが判明した。何らかの理由で、死海に溶けていた塩分の一部が突然沈殿したのである。

死海が白化したという記録は、少なくとも過去数世紀にわたって見当たらない。しかし、西暦一五八年にこの地を旅したギリシャの医学者ガレノスは、次のような言葉を書き残している。

死海の水は、見たところどんな海よりも白く重い[11]。

当時の死海は、普段から塩が沈殿し白化していたのかもしれない。

死海では、一〇〇トン以上もある巨大なアスファルトの塊がある日突然、湖面にぽっかり浮かび上がることもある。死海の湖底からしみ出している石油のうち、流体の成分は湖水中に流れ出し溶けてしまう一方で、真っ黒な固体成分であるアスファルトは湖底に残される。長期間にわたってこのようなことが続くと、湖底には巨大な塊に成長したアスファルトが出現する。アスファルトはふつう水や海水よりも重いが、塩を多量に含み浮力の大きな死海では重さが逆転し、アスファルトが湖水よりも軽くなる。湖水の浮力に耐えられなくなったアスファルトの塊は、ある日突然湖面にぽっかり浮かんでくるというわけだ。

塩と生きる

岩塩層は間隙が少なく透過性が悪いため、その下に石油や天然ガスが溜まりやすい。地中海で発見される石油や天然ガスの多くは塩の層の下から見出されている。近年では、レバノン沖の岩塩層の下から大量の天然ガスが発見された。アメリカ南部からメキシコ湾海底にかけて多数分布する油田もしかり。地下にはおよそ二億年前に形成された岩塩が広く分布している。メキシコ湾の海底油田ディープウォーター・ホライズンの爆発とその後の海洋汚染の記憶はまだ新しいが、メキシコ湾にある油田の多くは、こういった岩塩層の下から見つかったものである。

岩塩はふつうの地層よりも軟らかく変形しやすいため、長期間にわたって高い圧力にさらされると、水飴のようにゆっくりと形状を変える。岩塩が地下深くに埋没すると、その上を覆う地層の弱い部分を突き破ってにょろりとはみ出してくる。メキシコ湾沿岸には、このようにしてできた「岩塩ドーム」と呼ばれる特徴的な地形がいくつも分布している。

ルイジアナ州南部には、ミシシッピ川河口の広大なデルタ地帯が広がっている。そこにぽっかり浮かぶ「エイブリー島」は、典型的な岩塩ドームである。一九世紀にこの島に居を構えたエドムンド・マキルヘニーは、メキシコ原産の唐辛子にこの島で採れる岩塩を混ぜたスパイスを作り、大ヒットさせた。「タバスコ」の名で知られるこのホット・スパイスは、現代のわが国の食卓でもおなじみのものである。この赤いスパイスをピザやパスタに振りかけたあなたは、二億年前の海水を同時に味わっているのである。

塩は歴史遺産としても数えられてきた。ポーランド南部のヴィエリチカには一一世紀以来、ポーランドの人々に富と塩を供給し続けてきた岩塩鉱山がある。地下に迷路のように広がる岩塩坑内部には、塩でできたシャンデリアが照らす宮殿やチャペル、それに数多くの彫刻や彫像などといった作品をあちこちに見ることができる。かつて岩塩を採掘していた無名の鉱夫たちが地下深くに生み出した芸術品の数々は、現代人の心も鷲掴みにする。このヴィエリチカ岩塩坑は、一九七八年に最初の世界遺産の一つに選ばれた。

またシチリア島西端のトラーパニ塩田は、世界でもっとも長い歴史をもつ塩田の一つとして知られ、多くの観光客を呼び寄せている。現在でも、風車を用いて地中海から塩田に海水を汲み入れるという昔ながらの製法で塩が作られている。降水量が日本の四分の一ほどで、夏にサハラから吹きつける乾燥した熱風シロッコが、塩作りを助けている。

塩は化石も作る。高塩分下ではバクテリアなど微生物がほとんど繁殖しないため、生き物の遺骸はミイラの如く、腐ることなくそのままの形で残される。ドイツ南部のジュラ紀後期の地層があるゾルンホーフェンでは、鱗のついた魚、足跡を残したカブトガニ、細かい葉脈がくっきりと見える葉など美しい化石が無数に見いだされてきた。羽毛をまとった始祖鳥の完全な化石もその

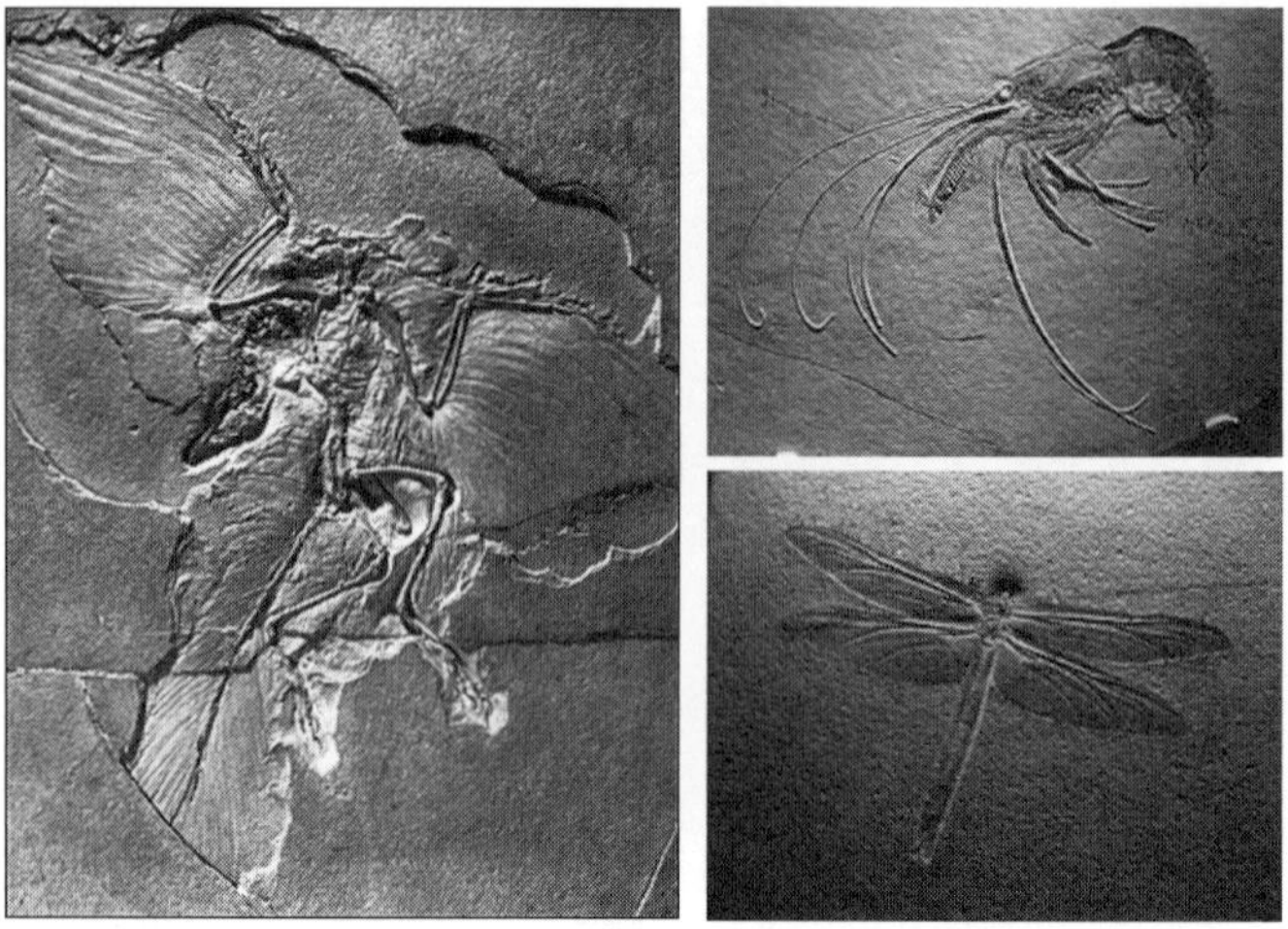

【図19】ドイツ南部のゾルンホーフェンで発掘された化石。高塩分の環境下で腐敗を免れたため、きわめて保存状態の良い当時の生き物の姿が、1億5000万年の時を超えて多数見いだされている。（左）始祖鳥、（右上）エビ、（右下）トンボ。

引用元：http://rainbow.ldeo.columbia.edu/courses/v1001/15.html

http://commons.wikimedia.org/wiki/File:Aeger_tipularius,_shrimp,_Late_Late_Jurassic,_Tithonian_Age,_Solnhofen_Lithographic_Limestone,_Solnhofen,_Bavaria,_Germany_-_Houston_Museum_of_Natural_Science_-_DSC01807.JPG

http://commons.wikimedia.org/wiki/File:Solnhofen_Cymatophlebia_longialata.jpg

ひとつである【図19】。高塩分の内海に迷い込んだ当時の生き物の姿を、一億五〇〇〇万年の時を超えて表情豊かに伝えるこの地層は、塩によって生みだされた魔法の窓なのである。

塩は悪者にもなる。大陸内部で閉じた出口のない内陸湖では、わずかながら塩を溶かし込んだ河川水を通して、塩が徐々に集まってくる。米国ユタ州のグレート・ソルト湖は、氷河時代に北米大陸を広く覆ったローレンタイド氷床の融氷水が作った湖の名残である。元来淡水湖だったこの湖は、氷河時代以降徐々に塩分が蓄積し、現在では海水よりも塩が濃くなっている。死海やグレート・ソルト湖のような内陸湖やその周辺に塩が集積されるという事実は、現代社会がもつ負の一面を読み解くひとつの鍵になる(12)。

旧ソ連時代、天山山脈やパミール高原に源をもちアラル海に流れ込む河川から、大量の水を灌漑用として農地に引き込んだ。その結果、アラル海に流れ込むはずの水は農地を経由して大気に蒸発してしまうことになる。当然、アラル海の水面はどんどん下がり、かつて世界四位を誇ったアラル海の面積は、二〇〇七年時点でもとの一〇分の一にまで縮小した。同時に湖水中の塩分は年々濃くなり、魚はすでに姿を消してしまった。地域の漁業は壊滅し、干上がった湖底に残された塩が飛散して人々の健康を損ねている。二〇世紀最悪の環境破壊と呼ばれる所以《ゆえん》である。「計画経済」と称する無計画な行いの重いツケを、半世紀後の人々が払わされているのである。

海にたっぷり溶けた塩は、ほろ苦い歴史の調味料でもある。

第八章　地下からの手紙

知恵深き息子たちよ。この作品は、お前たちのために書かれたものだ。じっくりと読んで、いたるところに鏤められた意図を探るのだ。

ハインリヒ・コルネリウス・アグリッパ・フォン・ネッテスハイム『隠秘哲学』

有馬温泉の不思議

私たちの脳のリズムや生殖のサイクルといった生理現象が、太陽光や地球を周回する月の周期に強くコントロールされていることはよく知られている。宇宙空間を越えてはるばる届くシグナルは、地球の表面にへばりついて暮らす生き物の根源的な部分にまで浸透しているのだ。そもそも人間のような動物は、太陽からもたらされるエネルギーの固まりともいえる有機物を食べることによって、はじめて生存可能となる。

一方、地球自身は私たちにどのような影響を及ぼしているのだろう？　最も大きな影響をもつものと言えば、おそらく重力である。誰も逃れることができないこの現象に説明は要らない。重力のおかげで私たちの両足は、地球の表面にしっかり固定されている。しかし、それ以外で思いつく地球の影響はと言えば、地震や火山噴火といった突発的な現象くらいなものだ。

足元の大地は、両足を支える土台という程度の意味しかもたないのだろうか？　科学のツールを用いれば、そんな問いにも少し違う視点で答えることができる。たとえば、私たちが普段呼吸する空気はその一例だ。

空気は、窒素が七八パーセント、酸素が二一パーセント含まれている。つまり、この二種類のガスで、九九パーセントを占める。残りわずか一パーセントは、アルゴン、二酸化炭素、ネオン、ヘリウム、メタン、クリプトン、塩化水素、ラドンなどだが、これらの多くは実は、地球の内部からやってきたものだ。つまり空気を読めば、この星の営みが私たちに密かに与えている影響を知ることができる。

地球内部から湧いてくる温泉も、地球の営みを文字通り肌で感じるにはぴったりのものである。ほとんどの温泉は、雨水などの地表水がいったん地中にしみ込んで、地熱で温められた後、再び陸上に湧き上がってきたものだ。しかし、地下を旅する間に、熱エネルギーとともに、さまざまな化学成分を溶かし込んでくる。温泉とは、地下奥深くでしたためられた手紙を私たちの足元にまで運んでくれる郵便なのである。

まず、神戸の町の北側に迫る六甲山中に湧く有馬温泉から見ていくことにしよう。

有馬温泉の歴史は古く、少なくとも飛鳥時代にまで遡る。『日本書紀』には、当時二人の天皇が有馬温泉を訪れたことが記されている。推古天皇の後を継いだ舒明天皇は、西暦六三八年秋から六三九年初頭にまたがる三ヶ月もの間、有馬温泉に滞在した。

> 冬十月、有馬の湯に行幸された。この年、百済・新羅・任那が朝貢した。
> 十一年春一月八日、天子の一行は有馬から帰られた。[1]

ちょうど大化改新の前夜にあたるこの頃、舒明天皇は蘇我蝦夷、入鹿父子に実権を牛耳られた傀儡政権のトップに過ぎなかった。政治の中心に居る人物の三ヶ月にも及ぶ有馬温泉への行幸は、そのような政治的背景があったのかもしれない。

また、蘇我氏を討伐した直後に即位した孝徳天皇も、都のあった難波から有馬温泉を訪れた。大化改新が一段落した西暦六四七年（大化三年）のことで、これまた三ヶ月近くにわたって有馬温泉で過ごしている。

冬十月十一日、天皇は有馬の湯においでになった。左右の大臣・群卿大夫《まえつきみたち》らがお供した。十二月の晦《つごもり》、天皇は湯から帰られて武庫《むこ》の行宮《かりみや》に留まられた。(1)

時代は大きく下って、難波宮の北側に巨大な城を構えた豊臣秀吉も再三この温泉を訪れた。千利休らとともに大きな茶会まで開いた。このように、昔から多くの権力者たちにこよなく愛された有馬温泉だが、実は地球科学の研究者からも長らく愛され続けてきた。その成り立ちが謎に包まれているからである。

有馬温泉は泉温が九〇℃を超える。わが国に温泉多しといえども、これほど高温の温泉はふつう火山の傍らにある。マグマのように地下水を温める大きな熱源を必要とするからだ。近年の温泉は、一キロメートルを超える深い孔を掘って、無理やり温泉水を出しているところも多い。しかしそういった温泉はたいがい、泉温が三〇℃にも満たない。傍らに火山が控えることなく高温の湯を一〇〇〇年あまりにわたって産み続ける有馬温泉は、科学者魂をくすぐる「奇妙な例外」なのである。

有馬の温泉水の化学組成からも不思議なシグナルが読み取れる。赤茶色をして、鉄分をたっぷり含むだけではない。海水よりも濃い塩分を含んでいるのだ。またラジウムやラドンといった放射性核種やヘリウムもたくさん含まれている。(2) 謎の鍵を握るのは、大地に潜むウランだ。

私たちの足元の岩石に含まれるウランの濃度は、二ppmほどにすぎない。一キログラムの石の中にわずか二ミリグラムだ。耳かきの上のほんの小さな一粒である。地下数十キロメートルより深くなれば、さらに濃度は低くなる。ウランの存在量はきわめて微量ながら、その個性は際立っている。

天然に産するウランのほとんどは、質量数が二三八の「ウラン238」である。ウラン238はもちろん放射性核種だ。放射線を出すおかげで、今やすっかり厄介者のレッテルが貼られてしまったとはいえ、ウラン238は平均寿命が六四億年あまりというきわめて気の長い核種だ。そんなウランの特筆すべき性質と言えば、それがいったん壊変し始めると、次から次へと連鎖的に放射壊変していくことだ。ウランが壊変して生まれるトリウム、そのトリウムが壊変して生まれるプロトアクチニウム、そのプロトアクチニウムが壊変して生まれるウラン234……いずれも

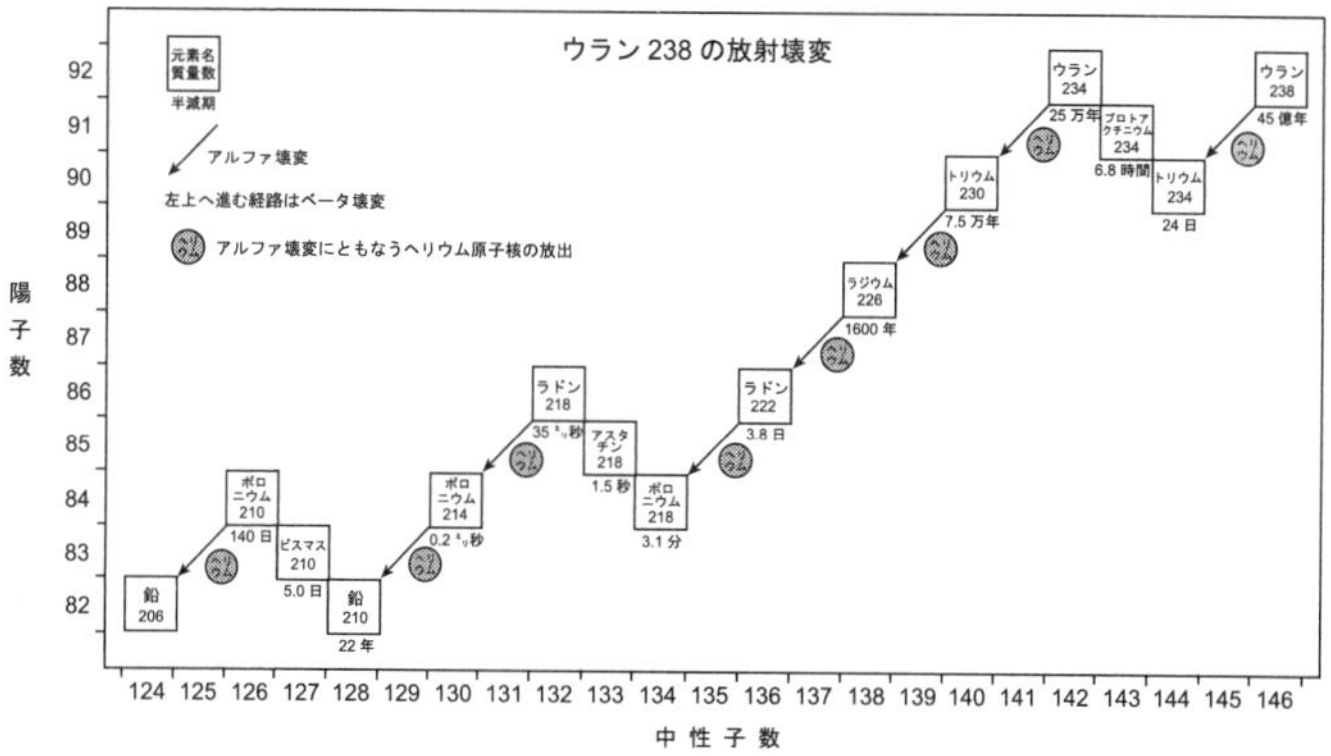

【図20】ウラン238の放射壊変。8回のアルファ壊変と6回のベータ壊変を起こし、最終的には安定な鉛206になる。ただしウラン238の半減期は45億年、ウラン234の半減期は25万年もあるため、全ての鉛206になるにはきわめて長い時間を要する。

放射性核種といった按配だ【図20】。

ウラン238のドミノ倒しは、質量数二〇六の鉛206になるまで続く。次から次へと放射壊変していく長い道のりの途中で、ウランはラジウムとラドンを経由する。ラジウムは白色の金属だが、ラドンは無色無臭の気体だ。だからラジウムが放射壊変してラドンになった途端、金属がガスに変わる。まるで錬金術である。気体のラドンは、断層など地下の割れ目を通して地表に少しずつ漏れ出てくる。またラドンは水にもよく溶けるため、地下水に溶けて地表に運ばれるものもある。

大地の中をネットワークのように張り巡らされた地下水脈では、ウランの放射壊変の影響を受けるほど、ラジウムやラドンに富むことになる。つまりラジウムやラドンを多く含む有馬温泉の泉水は、何らかの理由で地中に長期間溜まっていたか、あるいは長い地底旅行の末に湧き出したことを示唆している。

ウランのドミノ倒しが終点に至るまでに、計八個のアルファ線と六個のベータ線が放出されることになる【図20】。中でもアルファ線とは、陽子と中性子それぞれ二個からなるヘリウム原子核そのものである。つまりヘリウムは、地中で放射性核種が壊変する際に生み出される副産物なのだ。ヘリウムもラドンと同じく気体だから、地中の小さな隙間をすり抜けたり地下水に溶けたりして、遅かれ早かれ地上にもたらされる。

放射壊変で生み出されるアルファ線やベータ線は、核種から高速ではじき出される。しかし、ほんの数ミクロンも進まぬうちに他の原子と衝突して止まってしまう。そこで運動エネルギーは、熱エネルギーに変わる。このようにして有馬温泉のある六甲山地を形成する花崗岩（御影石と呼ばれることもある）一グラム中で生まれる熱エネルギーは、一年間につき一億分の五カロリーである。たったそれだけ？　と思うなかれ。もしその熱が外部に逃げなかったとしたら、その花崗岩は数千万年で、自らが発する熱エネルギーによってドロドロに融けてしまう。花崗岩にほんのわずかに含まれている成分には、花崗岩全体を融かしてしまうほどのエネルギーが秘められているのである。[3]

このことから想像がつく通り、ウランは地球創生以来この星を温め続けてきた。温まった地球内部からは、火山や温泉を通して地表面に熱エネルギーが伝えられ、それはやがて宇宙空間へと散逸する。有馬温泉もその一例である。非常に高い泉温は、おそらく地下一〇キロメートルよりもさらに深いところを旅し、たっぷりとエネルギーを吸収してきたことの証なのである。

最近の研究によると、有馬温泉の水源は六甲の南側に広がる瀬戸内海ではなく、はるか南方の太平洋ではないかと考えられている。(4) 温泉を通して、私たちは地下に秘められた世界を垣間見ることができる。有馬温泉の赤茶けた湯にどっぷり浸かりながら、この湯がはるか遠い海と地下でつながっていると想像するのは楽しいことである。

地震の前兆と予知

一九九五年一月一七日早朝、兵庫県南部地震が発生した。淡路島最北端付近を震源とし、一〇秒ほどの間に北東および南西方向にかけて延びる五〇キロメートルの断層面を一気に破壊した。典型的な内陸型地震で、地震のマグニチュードは7・3ながらも、ご存じの通りその被害は甚大なものだった。神戸市や西宮市など人口が密集する兵庫県南部を直撃したためだ。死者・行方不明者は、合わせて六四〇〇人あまりを数えた。

この阪神・淡路大震災にともなって、不思議な前兆現象が多数報告されている。(5) たとえば、震源に近い淡路島北端の明石海峡では地震の前日、普段は青く透明な海が紅茶のごとく変色したうえ、普段は海底に棲む珍しい魚が大量に網にかかった。また淡路島では、ヒマワリの種の保管庫に住み着いていたネズミが、地震の直前に全て逃げ出した。この倉庫は、地震によって倒壊してしまった。

もっと科学的な前兆現象も、有馬温泉を囲む六甲山周辺で見出されている。花崗岩からなる六甲山系は、豊かな水源としても知られてきた。その足元に位置する灘は、ミネラルに富んだ豊富な水に恵まれ、昔から日本酒の産地として栄えた。近年では、湧水そのものがミネラル・ウォーターとして市販され大ヒットした。大地震の後、倉庫に積み残っていたペットボトル中のミネラル・ウォーターから、地震の前兆と思しきシグナルが見出されている。地震の半年近く前から、徐々に塩素や硫酸の濃度が上昇していたのである[6]。

一方ほぼ同じ頃、西宮市の地下水ではラドンの濃度に異常が出始めていた。少しずつ上昇し始めたラドンの濃度は、地震一〇日前には突然一桁跳ね上がった[7]。地下深くに長らく溜まっていた水が噴き出してきたらしい。

地下水の化学成分に見られるこういった現象は、巨大地震が起きるしばらく前から地下の応力場が少しずつ変化する証拠だろう。応力場が移り変わっていくのにともなって、地下水脈のネットワークが変化するのである。

地面の下で密かに進行する変化は、他にもさまざまな現象を引き起こす。その一つが地下を流れる「地電流」に現れる。電気器具にアースをすることからもわかるように、地面は電気を通す導電体である。地面に達した稲妻は大量の電流をもたらすとはいえ、地中に拡散することによって間もなく消えていく。土壌に含まれる水分や地下水脈は、地中でこういった電気を通す役割を担っている。ただし、雷が落ちたり電気器具が放電しなくても、地中には常にわずかな電流が流れている。たとえば、太陽活動の変化にともなって高層大気で電流が流れると、地球の磁場がわずかに変動し、それによって地中に弱い電気が引き起こされることも知られている。

地震の際には、稲妻が空中を駆け巡ることもある。実際、目撃談は多い。一九六五年八月から五年あまりにわたって長野県の松代付近で起きた群発地震の際も、地震にともなって無数の稲妻が夜空を切り裂く様子が、地震学者らによって観察された[8]。兵庫県南部地震の直前には、テレビやラジオの電波障害も多数報告されている。地中の電場に変化が起きて、それが大気の電場を擾乱するのであろう。地下の電場が変化すると、帳尻を合わせるように大気中で放電現象が起きるのである。とにかく、地震は自然界を流れる電流と深い関係にある。

このことを逆手にとって地下を流れる電流を観測して、地震予知を行おうという試みもある。ギリシャの地震学者たちが一九八〇年代初頭に編み出した方法である[9]。驚くべきことに、一九九三年三月五日と二六日にギリシャのピルゴスを襲った地震について、震源地や規模をかなりの精度で的中させ[10]、人々に知られるところとなった。しかし科学者の間では、その成否について今なお激しい議論が続いている。この地震予知法は、わが国でも試されてきた。しかしわが国の地下はノイズが大きく、微小な電流の変化を精度よく捉えることが難しいという。

規則性を見出すことは容易ではない。しかし、地震には何らかの前兆現象が伴うのは間違いないだろう。この手の話には真偽を疑うべきものも多数あるものの、科学的に理解しうるものも中に含まれている。問題は、いずれの方法も地震の場所と時間を正確に特定するのが難しいことにある。不正確な情報は高度に情報化された現代社会になじまず、曖昧な情報は社会を混乱に巻き込む可能性すらある。試算によると、予知が外れた場合の経済的損失も甚大だ。そうなった時、いったい誰がその責任を負うというのだろう？　だからといって、大地震が起こるのをただ指をくわえて待っているだけというわけにもいかず……。

社会的な影響が半端ではないだけに、ジレンマも大きいのが地震予知である。予知の技術そのものはもちろんのこと、情報の出し方、情報の受け手のリテラシー、そういったものも併せて求められる難しい命題なのである。

玉川毒水

話を戻そう。地球内部からもたらされるガスは、地球全体でみれば、火山で噴き出しているものが圧倒的に多い。火山ガス中には、ラドンなどの放射性元素はもちろん、塩化水素、二酸化硫黄、二酸化炭素など多種多様な成分が含まれている。そういった成分は、時に天然水の性質を一変させ、人々の暮らしにまで大きな影響を及ぼすことがある。このことは、東北地方の湖で起きた一件から窺い知ることができる。

東北地方を南北に貫く奥羽山脈に、秋田焼山《やけやま》という火山がある。一九九七年に水蒸気噴火を起こし、今でもくすぶる活火山だ。その焼山の西麓には、玉川温泉という昔から豊富な湯量で知られる温泉がある。中でも「大噴《おおぶけ》」と呼ばれる湧出口から湧き出る湯量は、毎分一万キロリットル近くにおよび、日本でもっとも湧出量の多い温泉として知られている。

火山地帯で湧く水には、さまざまな物質が溶け込んでいる。玉川温泉水は特に塩酸と硫酸を多く含み、きわめて酸性が強い。酸性度の指標であるpHは1・05で、それこそ塩酸と硫酸が地中から湧き出しているようなものである（pH7の中性水に比べ、九〇万倍もの水素イオン濃度をもっている）。特殊な湯質であるがゆえ、昔から湯治場として根強い人気を誇ってきた。

山麓で大量に湧くこの温泉水は、秋田焼山を流れ下ると、奥羽山脈西部を南に流れる玉川に合流する。強い酸性の温泉水は、玉川をあっという間に酸性に変えてしまう。そして酸性になった玉川が横手盆地に抜ける角館では、かつて大雨のたびに氾濫する玉川の水が田畑にまで流れ込んだ。

酸性の水は、作物を枯らすだけでなく、そこに暮らす魚など動物の命さえも奪ってしまう。そのため、昔から「玉川毒水」と呼ばれ、付近一帯では悪名が轟いた。江戸時代に角館付近を治めた秋田藩は、玉川毒水の治水に四苦八苦した。それでも根本的な解決に至らないまま明治、大正が過ぎ、昭和を迎える。

一九三九年（昭和一四年）、玉川毒水を田沢湖へいったん導いて希釈したのちに、周囲の田畑の灌漑に利用するための工事が始まる。田沢湖は、最大水深が四二〇メートルあまりとわが国で最も深く、豊富な貯水量を誇っている。そこに目をつけたわけだ。強い酸性とはいえ、田沢湖の豊富な水で十分薄めることができると考えたのである。

しかし、これが誤算だった。一九四〇年（昭和一五年）に玉川が田沢湖に導入されて以来、田沢湖は徐々に酸性に変わっていく。最悪時には、そのpHは4・0まで低下した。田沢湖は火口に水が溜まったカルデラ湖で、もともと周囲から流入する河川はない。美しい水を湛え、北海道の摩周湖とともに透明度の高い湖として知られてきた。この清らかな湖に生息していたクニマス、アユ、イワナといった魚は、この急激な水質の変化に耐えられず、いつの間にか姿を消してしまった。特にサケ科の淡水魚クニマスは田沢湖の固有種だったため、この事業における最大の被害者と見なされた。

一九七二年（昭和四七年）になってようやく、玉川毒水を石灰岩で中和してから、田沢湖に流入させる工事が行われた。強い酸性の玉川毒水が石灰岩に触れると、石灰岩を溶かして中性化するとともに、毒水中の二酸化炭素濃度が増して酸性を緩衝する能力が高くなる。水に溶けている二酸化炭素は、玉川毒水が毒水たる所以の水素イオンの増減をうまくコントロールする働きをもっている。河川水や地下水といった天然水の多くは、ふつう二酸化炭素がそこそこ溶けているものだ。しかし、火山から噴出したばかりの玉川毒水は、そうではなかったのである。

ともかくこの治水工事のおかげで、田沢湖の湖水の水質は徐々に改善されてきている。現在の田沢湖は、pHが5以上にまで上昇し、再び生き物の姿も戻りつつある。

そんな折、一九九五年（平成七年）から田沢湖町観光協会は一〇〇万円の賞金を懸けてクニマス探しを行った。その二年後には懸賞金は五〇〇万円に引き上げられた【図21】。しかし、結局見つからずじまいだった。どこかで、田沢湖が生んだ幻の魚が生き延びているかもしれないという淡い期待は見事に裏切られた。

絶滅種とのレッテルを貼られたクニマスが、山梨県の西湖で偶然発見されたのは、まだ私たちの記憶に新しい二〇一〇年（平成二二年）のことである。

【図21】田沢湖でクニマス探しを行った際に作られたポスター。500万円の懸賞金が懸けられたものの、田沢湖では結局見つからずじまいだった。
引用元：http://akita-yamazuri.digi2.jp/2011/kunimasu/kunimasu.html

ニオス湖の悲劇

この広い地球上では、不思議な事が起きる。

ニオス湖は、西アフリカの一角を占めるカメルーンの片田舎にある小さな湖である。首都ヤウンデから北北西におよそ四〇〇キロメートルのところに位置するニオス湖は、今から二〇〇〇年ほど前、火山の噴火口に水が溜まってできた。差し渡し一キロメートルほどながら、最深部は二〇〇メートルあまりある、すり鉢状の湖である。

電気すら通っていなかった西アフリカの片田舎の湖が、世界のトップニュースに躍り出た事件は、一九八六年八月二一日午後九時三〇分頃に起きた。満月に照らされたニオス湖が突如として唸り声を上げて泡立ち始めると、湖面から白い霧が立ち昇って湖盆全体を覆った。しばらく付近を漂っていたその霧は、やがてゆっくりと谷筋を下って行った。

異変が明らかになったのは翌朝のことである。普段は鳥の鳴き声が響き渡るニオス湖畔の朝だが、その朝はしんと静まり返っていた。そして、ニオス湖畔やその谷筋に暮らす人々は皆、外傷もなく息絶えていた。家で料理していた人、玄関で世間話に花を咲かせていた人、家の中でくつろいでいた人。まるで何事もなかったかのように、その場で息絶えていた。運よく生き延びた人もほんのわずかにいたが、家族や親戚など、すべての身内の人々が突如理由もわからず息絶えてしまったのを目の当たりにし、狂乱のあまり自殺した者もいた。

運よく生き残ったほんの一握りの人たちの証言が、恐ろしさをまざまざと思い知らせてくれる。

私はしゃべることができず、気を失いそうだった。なにやらひどい臭いが鼻をつき、口を開くこともできなかった……娘が尋常ではないひどい鼾をかいているのが聞こえた……私は娘のベッドにたどりついたが、そこで倒れて気を失ってしまった。翌朝の九時に、友人が私を訪ねてきて扉をノックするまで、私はそこに転がっていた。驚いたことに、私のズボンには真っ赤で蜂蜜のようないくつかの筋がついており、身体には糊のような汚物もついていた。腕にすこし傷があった……どうしてそんな傷がついたのか知る由もなかった。ドアを開け……話そうとしたが、私の肺からは空気が出てこなかった……娘はすでに息を引き取っており……娘のベッドに行ってまだ眠っているのだと考えることにした。私は再び午後四時半まで眠った。それからなんとか起き上がって近隣の家を訪ねてみた。しかし、彼らは皆死んでいた。(11)

この事件の死者は一七〇〇人あまりを数え、それに加えて八〇〇〇頭の家畜も命を落とした。(12)その後、事件を知って世界各地から駆けつけた科学者が行った調査によって、この摩訶不思議な事件の全貌と原因が少しずつ明らかになってくる。犯人は、「湖水爆発」というきわめて希《まれ》な現象だった。

科学者たちの調査によると、ニオス湖には他の湖にみられない大きな特徴がある。それは、湖底からぶくぶく噴出している火山ガスの中に、二酸化炭素が大量に含まれていることだ。つまり湖水中に大量の二酸化炭素が供給され続けているのである。

小学校の理科で習うように、二酸化炭素は水によく溶けるガスだ。一気圧下では、三〇℃の水一リットル中に〇・六リットルもの二酸化炭素が溶ける。しかし問題は、圧力が上がるとその量がどんどん増えていくことだ。このことを利用しているのが、サイダーやビールといった炭酸飲料である。炭酸飲料には、それこそ水の数倍の体積をもつ二酸化炭素が溶けている。圧力を高くすることによってより多くの二酸化炭素を溶かしているのである。おかげで炭酸飲料の栓を開けると、プシュッという音とともに圧力が低下し、飲料水中に溶けきれなくなった二酸化炭素が多数の泡となって現れる。

ニオス湖は、さながら天然の炭酸飲料だ。湖底にある火口からは、二酸化炭素が日々供給され続けている。湖水が淀んで成層しているニオス湖では、湖水が上下混合されることはなく、二気圧もある湖底付近の水から徐々に二酸化炭素が満ちてくる。大きな水圧を受けている深い水にはより多くの二酸化炭素が溶け込むとはいえ、それにも限度がある。湖底から絶えず供給される二酸化炭素は、どんどん浅い部分へと進出してくるのだ。

そして、いずれ湖全体が二酸化炭素に飽和する時がやってくる。すると次に何が起きるだろう？　これ以上溶けきれなくなった二酸化炭素がぷくぷくと小さな泡をなして、湖水中から漏れ出てくる。もはや危険は差し迫っている。立ち昇る泡は、成層している湖水をわずかに乱し、次なる泡を呼ぶ。高圧下で二酸化炭素が目いっぱい溶けている深層水が、圧力の低い浅い部分へと持ち上げられるのだ。それがさらに湖水を攪拌してさらなる泡を呼び、最終的にはまるでよく振ったサイダーの栓を開けた時のように、大量の二酸化炭素が無数の泡となって一気に溢れ出す。これが「湖水爆発」のメカニズムである。圧力が増すと急激に溶解度が上がる二酸化炭素の性質が災いするのである。

人知れず二酸化炭素に飽和していたニオス湖が爆発したその夜、推定六〇万トンもの二酸化炭素が一気に吐き出された。それとともに、泡立ったサイダーがボトルの口から溢れ出るように、高さ数メートルの大波が引き起こされた。普段は青く澄んだ水を湛えた美しいニオス湖だったが、湖水爆発の翌朝は赤茶けた汚れた湖に一変していた。大波が大量の土砂を沿岸から流出させるとともに、深層水中に淀んでいた鉄が、空気中の酸素に触れて酸化鉄になったのである。

ニオス湖が吐き出した二酸化炭素は空気よりも重い。強い風でも吹いていない限り、二酸化炭素はしばらく湖面付近を漂うことになる。すり鉢状の地形をしたニオス湖畔では、湖にフタをするかのように周辺にしばらく留まり、時間とともに谷筋に沿ってゆっくりと移動していくことになる。悲劇のメカニズムである。

現在の大気中にはおよそ〇・〇四パーセント（四〇〇ｐｐｍ）の二酸化炭素が含まれている。これが五パーセントになるとどうだろう？　私たちは割れるような頭痛と息苦しさに襲われる。一〇パーセントになれば、意識を失い時に死に至ることもある。そして四〇パーセントになると即死だ。ニオス湖の事件で亡くなった人々の多くは即死だった。

前触れはあった。ニオス湖の事件のちょうど二年前に、一〇〇キロメートルほど南に位置するマヌーン湖で似たような事件が起きていたのだ。規模が小さく被害者数も少なかったため、ほとんど報道されることはなかった。しかし当時そのマヌーン湖を調査したアメリカの科学者が、湖水爆発の可能性を指摘していた。この研究成果は論文としてまとめられたものの、あまりに突飛な現象に懐疑的な研究者が多く、主要な科学雑誌からその論文の掲載を拒否されるほどだった[13]。

一九八六年に起きた湖水爆発によって、湖水中から大量の二酸化炭素が脱ガスしたとはいえ、その後も湖底の噴出孔から二酸化炭素は休むことなく供給され続けている。再び同じことが起きるのは時間の問題だ。湖水爆発から一五年を経た二〇〇一年に行われた水質調査によると、水深二〇〇メートルの湖水一リットル中に八リットル近い二酸化炭素が含まれていることが明らかになった。湖水爆発直後に比べ、すでに三倍近い濃度に達していたのである。

ニオス湖やこの火山地帯にあるいくつかの湖では、これまで何度もこのような湖水爆発を繰返してきた断片的な証拠がある。ニオス湖に溶けうる二酸化炭素の総量を考えると、一二〇年に一度このような湖水爆発が起きてきたことになる。「ニオス」とは、現地の言葉では「良い」という意味もある一方で、「壊すこと」という意味ももっている[14]。

将来同じ悲劇が繰り返されないために、アメリカ・日本・フランス・カメルーンの共同チームが立ち上がった。ニオス湖とマヌーン湖から二酸化炭素を「脱ガスさせる」プロジェクトが二〇〇一年に始まったのである。湖面から湖の最深部にまで延びるパイプを設置し、二酸化炭素を大量に含む湖深層の水を、サイフォンの原理を用いて自噴させるのだ【図22】。湖水に二酸化炭素が飽和して大量の二酸化炭素が一気に噴き出す前に、少しずつガス抜きしておけば大惨事が引き起こされることはない。その後に行われた調査では、湖水中の二酸化炭素濃度が着実に減少して

【図22】カメルーンのニオス湖からパイプを通して二酸化炭素を脱ガスしている様子。サイフォンの原理によって、湖の最深部から二酸化炭素を大量に含む湖水が自噴する。
引用元：http://www.jst.go.jp/global/english/kadai/h2214_cameroun.html

おり、このプロジェクトが効果を発揮していることが明らかにされている[12]。科学は、有形無形で人々の役に立ち、国際貢献にも一役買っているのである。

　幸いにして、わが国に数ある湖はニオス湖のような事件を引き起こすことはないだろう。火山ガス中に二酸化炭素が大量に含まれていないことが理由の一つだが、さらに重要な理由がある。

　温帯に位置する湖は、毎年冬になると上下混合し、湖水中のガス成分は自動的に大気に放出されるのである。水は、結氷点より高い四℃でもっとも密度が大きくなる風変わりな液体だ。冬場に表面水温が低下していくと密度が徐々に増していき、いずれ深層へゆっくり沈んでゆく。それと入れ替わるようにして上がってくる深層の水は、大気に触れることによって溶けているガスを吐き出すのである。もし水が、結氷が始まる〇℃でもっとも密度が大きくなる液体だったとしたら、こうはいかなかっただろう。水のちょっと変わった性質のおかげで、私たちは「命拾い」しているのである。

おわりに

科学の進歩を支えるのは、新しい技術、新しい発見、新しいアイデアであり、その度合いもおそらくはこの順である。

シドニー・ブレンナー

私たち人類はこの星の一員であるとはいえ、この星で起きてきたことに思いを馳せれば、ほんのちっぽけなピースにすぎないことは明らかだ。人類の歴史とは、まるで大海原に浮かぶ木の葉の来し方のようなものである。地球の歴史の中に偶然織り込まれているにすぎないのだ。

そんな人類だが、事あるごとに自然に手を加えようとし、手痛いしっぺ返しも食らってきた。自然現象には所詮太刀打ちできず、自惚れては反省するいささかさえない道を長らく歩んできたのである。現在問題が顕在化しつつある地球温暖化といえども、いずれしっぺ返しを食らうまでだ。それでも人類は、時代とともに自然の中に潜むルールを理解し、自然とうまく歩調を合わせる術を少しずつ身に着けてきた。特に過去数千年間、本書で取り上げた塩、セメント、石油などといったビジネス、それに数多くのアート、音楽、文学などがそういった中から生まれ、育まれてきた。その過程で、冒頭にも述べたように、人類は科学の有用性に気付き、そこに成長の足掛かりを見出してきたのである。

一九世紀後半以降、石油というエネルギー源を大量に手にし、またそこからあらゆる物質を産み出す化学工業を編み出した人類は、飛躍的に成長する時代を迎えることになる。その流れは二一世紀の今も続いている。今や世界の人口は七〇億人に達した。いつの時代にも、このままでは人類社会が近々破たんすると主張する論客はいた。彼らの理屈は一見正しそうに見えたが、そういう予想はことごとく外れてきた。なぜだろうか？　それは、予想の根拠に、科学や技術に負う成長の要素がうまく組み込まれていなかったからである。

この一世紀あまりにわたって、常に生まれ続ける科学と、それを支え具現化する技術こそが荒れ地を農地に変え、砂漠に都市を興し、手の届かなかったエネルギーの採掘を可能にし、資源の利用効率を上げ、物流をスピードアップし、コミュニケーションをより迅速にしてきたのである。人類が直面するあらゆる問題に、その都度対処してきたのが科学であり技術であった。この状態がいつまで持続するかはわからない。しかし科学と技術の力こそが、今もって人類発展の重要な原動力であり続けているのは確かである。

科学の発展にとって、技術革新はなくてはならぬものである。本書で紹介した海底を調べるための音響測深技術、プレートの速度を知るための微弱な磁気測定技術やＶＬＢＩ、液体燃料を生み出す乾留の技術、地震の前兆現象を捉える地下水中の化学組成を測定するための質量分析計など、そういった例は枚挙にいとまがない。技術を磨くという一見退屈で地味な努力と、それを使い回す科学の両輪がうまくかみ合ってはじめて人類の流す汗は報われ、成長を後押しする。しかしながら一部のＳＦ小説を除けば、科学の成果の陰に隠れた技術革新が私たちの暮らしにもたらす恵みの深さは、きわめて過小評価されてきた。

技術革新とは、強い目的意識をもって生まれたものだけではない。それが本領を発揮するのは、むしろ本来の目的ではないケースが多いのもまた事実である。本書で紹介した多くの内容もしかり。当然、そういう技術の基礎を打ち立てた科学者や技術者本人が知る由もなかった。しかし根底でつながる科学や技術の世界では、このような劇的な出会いが時として起きる。その出会いを導くのは、科学者や技術者の出来心や遊び心といったものだ。自由な魂こそが、人類の可能性を広げるのである。この点において、フランスの化学者ピエール・ラズロは興味深い一言を述べている。

科学的思考とは、遊び心と挑発的な精神に満ち溢れているべきなのだ……共同体だって一体感を維持するために飲めや歌えの大宴会やカーニバルといった「はめはずし」をときどき行っているではないか。自分の知識の限界を考え直すことは、科学的思考に必要な「はめはずし」である。(1)

自由な精神によって導かれる技術革新と科学との新たな出会いは、これからも人類社会を新たな、そしておそらく無数の扉へと導く原動力となるだろう。

最後にお礼を述べねばならない。妻の奈々子には、いつも粗稿にコメントをもらっている。新潮社の今泉正俊氏には、本書の元となった雑誌『考える人』の連載の段階から、私の犯すミス、思い違い、文章のあらを的確に手直ししていただいた。お二人にはこの場をお借りして深くお礼を申し上げます。

注および引用文献

まえがき

（1）寺田寅彦（1948）「科学と文学」『寺田寅彦随筆集』第四巻（小宮豊隆編）、岩波文庫。

第一章　How Deep is the Ocean?

（1）塩酸が〇・五モル濃度程度含まれた、希塩酸だったと考えられている。
（2）地球や海洋の形成については、日本語で書かれた優れた教科書やレビューが数多くある。たとえば、小嶋稔（1987）『地球史入門』岩波書店。松井孝典、田近英一、高橋栄一、柳川弘志、阿部豊（1996）『地球惑星科学入門』「岩波講座地球惑星科学（1）」岩波書店。平朝彦（2001）『地球のダイナミックス』岩波書店。生駒大洋、玄田英典（2006）「地球の海水の起源」『地学雑誌』116, 196-210.
（3）アガサ・クリスティ（2003）『ナイルに死す』（加島祥造訳）、ハヤカワ文庫。
（4）Nicastro, N. (2008) *Circumference: Eratosthenes and the Ancient Quest to Measure the Globe.* St. Martin's Press.
（5）Dutka, J. (1993) 'Eratosthenes' measurement of the Earth reconsidered. *Archive for History of Exact Sciences,* 46, 55-64.
（6）地球の全周距離は、両極を通る子午線方向には約四〇〇〇八キロメートルである。ただし地球は回転楕円体なので、赤道での全周距離はそれよりも〇・一七パーセント長い約四〇〇七五キロメートルである。

（7）以下の文献をもとに計算した。Berger, A. and Loutre, M.F. (1991) Insolation values for the climate of the last 10 million years. *Quaternary Sciences Reviews*, 10, 297-317. 文献（5）にも異なる根拠による同様の計算結果が記されている。

（8）りゅうこつ座は一八世紀につくられた星座で、ポセイドニウスの時代は、現在のとも座とほ座も合わせてアルゴ座と呼ばれた。

（9）ポセイドニウスは後に、ロードス島とアレキサンドリア間の距離を三七五〇ステージアに変えたため、それにともなって地球の全周距離も一八万ステージアと大幅に短縮された。

（10）Bunbury, E.H. (1883) *A History of Ancient Geography among the Greeks and Romans from the Earliest Ages till the Fall of the Roman Empire.* John Murray.

（11）クリストーバル・コロン（1977）『コロンブス航海誌』（林屋永吉訳）、岩波文庫。

（12）アントニオ・ピガフェッタ（2011）『最初の世界周航』（長南実訳）、岩波文庫。

（13）Berlin, I. (1932) *How Deep is the Ocean? (How High is the Sky?).* Irving Berlin, Inc., New York.

（14）Theberge, A.E. (1989) Sounding pole to sea beam. *Surveying and Cartography*, 5, 334-346.

（15）新約聖書（http://www.wordplanet.org/jp/）「使徒言行録」第27章27-29

（16）Charette, M.A. and Smith, W.H.F. (2010) The volume of Earth's ocean. *Oceanography*, 23, 104-106.

（17）海上保安庁編（1971）『日本水路史―１８７１～１９７１』日本水路協会。

（18）レイチェル・カースン（1977）『われらをめぐる海』（日下実男訳）、ハヤカワ文庫。

第二章　謎を解く鍵は海底に落ちていた

（1）一八〇七年に、フランスの物理学者フランソワ・アラゴ（François J. D. Arago: 1786-1853）が音を用いて水深を測定できるかもしれないと述べている。しかし彼は実際に試すことはしなかった。
Adams, K.T. (1942) Hydrographic Manual. Government Printing Office, Washington.

（2）Bates, C.C., Gaskell, T.F., and Rice, R.B. (1982) *Geophysics in the Affairs of Man*. Pergamon Press, Oxford.

（3）Theberge, A E. (1989) Sounding pole to sea beam. *Surveying and Cartography*, 5, 334-346.

（4）Bonini, W.E. and Wanat, L. (editor) (2006) Harry Hess Centennial. The Smilodon, spring issue, Web Edition Supplement. *https://www.princeton.edu/geosciences/about/welcome/HHH.pdf*

（5）Hess, H.H. (1946) Drowned ancient islands of the Pacific basin. *American Journal of Science*, 244, 772-791.

（6）アーノルド・ギヨー（Arnold H. Guyot: 1807-1884）スイス生まれの地質学者。かつて氷河時代が存在したことを提唱したルイス・アガシの弟子である。一八五四年にプリンストン大学の自然地理学および地質学の初代教授に就任し、その後亡くなるまでアメリカで過ごした。

（7）日本語では、「平頂海山」とか「卓状海山」などと呼ばれることもある。

（8）Darwin, C. (1842) *The Structure and Distribution of Coral Reefs: Being the First Part of the Geology of the Voyage of the Beagle, Under the Command of Capt. Fitzroy, R.N. During the Years 1832 to 1836*. Smith Elder and Co.
http://darwin-online.org.uk/content/frameset?pageseq=1&itemID=F271&viewtype=text

（9）チャールズ・ダーウィン（1961）『ビーグル号航海記』（下）（島地威雄訳）、岩波文庫。

（10）Lyell, C. (1830) *Principles of Geology, Being an Attempt to Explain the Former Changes of the Earth's Surface, by Reference to Causes Now in Operation*, John Murray, London.

(11) Royal Society of London (1904) *The Atoll of Funafuti. Borings into a Coral Reef and the Results.* Report of the Coral Reef Committee of the Royal Society.

(12) Ladd, H.S., Ingerson, E., Townsend, R.C., Russell, M., and Stephenson, H.K. (1953) Drilling on Eniwetok Atoll, Marshall Islands. *American Association of Petroleum Geologists Bulletin*, 37, 2257-2280.

(13) Hess, H.H. (1960) History of ocean basins. In *Petrologic Studies: a Volume in Honor of A. F. Buddington.* (Eds., A.E.J. Engel, H.L. James, and B.F. Leonard). Geological Society of America, Boulder, pp. 599-620.

(14) アルフレート・ヴェーゲナー (1981)『大陸と海洋の起源』(都城秋穂、紫藤文子訳)、岩波文庫。本書の最後にある訳者による50ページにも及ぶ解説が秀逸。

(15) 放射性核種を用いた年代測定法の基礎を確立したダーラム大学(後にエジンバラ大学)のアーサー・ホームズは、数少ない支持者の一人だった。

(16) 以下の教科書にプレートの移動速度とそれが推定されてきた経緯が詳しく述べられている。上田誠也(1989)『プレート・テクトニクス』岩波書店。

(17) Matuyama, M. (1929) On the direction of magnetization of basalt in Japan, Tyosen and Manchuria. *Proceedings of the Imperial Academy*, 5, 203-205.

(18) 正式な受賞理由は、「重力偏差及岩石磁性に関する地球物理学的研究」である。
http://www.japan-acad.go.jp/pdf/youshi/022/matuyama.pdf

(19) Brunhes, B. (1906) Recherches sur la direction de l'aimantation des roches volcaniques. *Journal de Physique*, 5, 705-724.

(20) Vine, F.J. and Matthews, D.H. (1963) Magnetic anomalies over oceanic ridges. *Nature*, 199, 947-949.

(21) Heki, K., Takahashi, Y., Kondo, T., Kawaguchi, N., Takahashi, N., and Kawano, N. (1987) The relative movement of the North American and Pacific plates in 1984-85, detected by the Pacific VLBI network. *Tectonophysics*, 144, 151-158.

第三章　海底が見える時代

(1) Wessel, P., Sandwell, T., and Kim, S.S. (2010) The global seamount census. *Oceanography*, 23, 24-33.

(2) シー・ビームとは、正式には「ナロー・マルチビーム」と呼ばれる観測機器である。しかし研究者の間ではシー・ビームと呼び慣らわされているので、ここでもそれに従う。

(3) Veatch, A.C. and Smith, P.A. (1939) Atlantic submarine valleys of the United States and the Congo submarine valley. Special Papers Number 7, Geological Society of America, Boulder, 101 p.

(4) ロバート・D・バラード (1988)『タイタニック発見』(中野恵津子訳)、文藝春秋。写真やイラストなどが豊富で、発見時の雰囲気も含め臨場感に満ちた好著。

(5) 平家物語の一節として知られる俊寛の物語を題材に、多くの物語が生まれた。その中には、近松門左衛門による『平家女護島』や菊池寛や芥川龍之介による小説がある。

(6) 町田洋 (1977)『火山灰は語る』蒼樹書房。

(7) 桒畑光博 (2002)「考古資料からみた鬼界アカホヤ噴火の時期と影響」『第四紀研究』41, 317-330.

(8) Matumoto, T. (1943) The four gigantic caldera volcanoes of Kyushu, Japan. *Journal of Geo-*

logy and Geography, 19, special number, 1-59.

(9) Aramaki, S. (1984) Formation of the Aira Caldera, southern Kyushu, ~22,000 years ago. *Journal of Geophysical Research*, 89, 8485-8501.

(10) Foster, K.P., Ritner, R.K., and Foster, B.R. (1996) Texts, storms, and the Thera eruption. *Journal of Near Eastern Studies*, 55, 1-14.

(11) Hansen, J. et al. (1997) Forcings and chaos in interannual to decadal climate change. *Journal of Geophysical Research*, 102, 25679-25720.

(12) ヘンリー・ストンメル、エリザベス・ストンメル (1985)『火山と冷夏の物語』(山越幸江訳)、地人書館。

(13) メアリー・シェリー (2010)『フランケンシュタイン』(小林章夫訳)、光文社古典新訳文庫。

第四章　秋吉台、ミケランジェロ、石油

(1) 宮沢賢治 (1924)『春と修羅』関根書店。

(2) ゲーテ (1960)『イタリア紀行』(下) (相良守峯訳)、岩波文庫。

(3) 大河内直彦 (2012)『「地球のからくり」に挑む』新潮新書。

(4) 白尾元理、清川昌一 (2012)『地球全史：写真が語る46億年の奇跡』岩波書店。

(5) Kuroda, J. Ogawa, N.O., Tanimizu, M., Coffin, M.F., Tokuyama, H., Kitazato, H., and Ohkouchi, N. (2007) Contemporaneous massive subaerial volcanism and late Cretaceous Oceanic Anoxic Event 2. *Earth and Planetary Science Letters*, 256, 211-223.

(6) Schlanger, S.O. and Jenkyns, H.C. (1976) Cretaceous oceanic anoxic events: causes and consequences. *Geologie en Mijnbouw*, 55, 179-184.

(7) ケネス・J・シュー (1999)『地球科学に革命を起こした船―グローマー・チャレンジャー号』(高柳洋吉訳)、東海大学出版会。
(8) McKay, J.H. (2012) *Scotland's First Oil Boom: The Scottish Shale-Oil Industry, 1851-1914*. John Donald.
(9) Coffin, M.F. and Eldholm, O. (1994) Large igneous provinces: Crustal structure, dimensions, and external consequences. *Reviews of Geophysics*, 32, 1-36.
(10) Mahoney, J.J., Fitton, J.G., Wallace, P.J., et al. (2001) *Proceedings of Ocean Drilling Program, Initial Reports, Leg* 192. College Station. doi:10.2973/odp.proc.ir.192.2001
(11) Tapponnier, P. and Molnar, P. (1979) Active faulting and Cenozoic tectonics of the Tien Shan, Mongolia, and Baykal regions. *Journal of Geophysical Research*, 84, 3425-3458.
(12) Self, S., Thordarson, T., and Widdowson, M. (2005) Gas fluxes from flood basalt eruptions. *Elements*, 1, 283-287.
(13) Misumi, K., Yamanaka, Y., and Tajika, E. (2009) Numerical simulation of atmospheric and oceanic biogeochemical cycles to an episodic CO_2 release event: Implications for the cause of mid-Cretaceous Ocean Anoxic Event-1a. *Earth and Planetary Science Letters*, 286, 316-323.
(14) Bice, K.L. and Norris, R.D. (2002) Possible atmospheric CO_2 extremes of the Middle Cretaceous (late Albian-Turonian). Paleoceanography, 17, doi:10.1029/2002PA000778.
(15) Schulte, P. et al. (2010) The Chicxulub asteroid impact and mass extinction at the Cretaceous-Paleogene boundary. *Science*, 327, 1214-1218. 本論文の内容を詳細に解説したのが次の著作。後藤和久 (2011)『決着！恐竜絶滅論争』岩波科学ライブラリー。
(16) Alvarez, L.W., Alvarez, W., Asaro, F., and Michel, H.V. (1980) Extraterrestrial cause for

the Cretaceous-Tertiary extinction. *Science*, 208, 1095-1108.
(17) 粘土層中にイリジウムが濃集していることを発見した研究の詳しい経緯については、以下の文献に詳しい。ウォルター・アルヴァレズ（1997）『絶滅のクレーター——T・レックス最後の日』（月森左知訳）、新評論。
(18) Hallam, A. (1987) End-Cretaceous mass extinction event: Argument for terrestrial causation. *Science*, 238, 1237-1242
(19) Officer, C.B. and Drake, C.L. (1985) Terminal Cretaceous environmental events. *Science*, 227, 1161-1167.
(20) Alvarez, L.W. et al. (1970) Search for hidden chambers in the pyramids. *Science*, 167, 832-839.
(21) Hildebrand, A.R. et al. (1991) Chicxulub crator: A possible Cretaceous/Tertiary boundary impact crater on the Yucatan Peninsula, Mexico. *Geology*, 19, 867-871.

第五章　南極の不思議
(1) 以下のアメリカ海洋大気庁（NOAA）のサイトに、その詳細が記されている。
http://geodesy.noaa.gov/GRD/GPS/Projects/SOUTH_POLE/south_pole.html
(2) Shtarkman, Y.M., Zeynep A. Koçer, Z.A., Edgar, R., Veerapaneni, R.S., D'Elia, T., Morris, P.F., and Rogers, S.O. (2013) Subglacial Lake Vostok (Antarctica) accretion ice contains a diverse set of sequences from aquatic, marine and sediment-inhabiting bacteria and eukarya. *PLoS ONE*, 8, e67221. doi:10.1371/journal.pone.0067221
(3) Wingham, D.J., Siegert, M.J., Shepherd, A., and Muir, A.S. (2006) Rapid discharge con-

nects Antarctic subglacial lakes. *Nature*, 440, 1033-1036.

(4) Corr, H.F.J. and Vaughan, D G. (2008) A recent volcanic eruption beneath the West Antarctic ice sheet. *Nature Geoscience*, 1, 122-125.

(5) Joughin, I. and Alley, R.B. (2011) Stability of the West Antarctic Ice Sheet in a warming world. *Nature Geoscience*, 4, 506-513.

(6)「テラノバ」とは、ラテン語で新大陸という意味をもつ。

(7) ローアル・アムンセン (1994)『南極点』(中田修訳)、朝日文庫。

(8) その経緯は、隊員の一人チェリー＝ガラードによって後に詳しく記されることになる。アプスレイ・チェリー＝ガラード (1994)『世界最悪の旅』(戸井十月訳)、小学館。

(9) 綱淵謙錠 (1990)『極─白瀬中尉南極探検記』新潮文庫。

(10) 借金の一部は、後援会による資金の使い込みによるものである。

(11) Molina, M.J. and Rowland, F.S. (1974) Stratospheric sink for chlorofluoromethanes: chlorine atom-catalysed destruction of ozone. *Nature*, 249, 810-812. この成果によって、モリナとローランドはパウル・クルッツェンとともに一九九五年にノーベル化学賞を受賞した。実際に南極の高層大気中でオゾン濃度が減少するいわゆるオゾンホール現象は、日本の南極隊に参加した中鉢繁らによって発見された。

(12) 南極大陸ではこれまで数多くのアイスコアが掘削され、それらから様々な古環境情報が得られてきた。その経緯や成果については、以下の拙著第九章および第一〇章をご参照いただきたい。大河内直彦 (2015)『チェンジング・ブルー：気候変動の謎に迫る』岩波現代文庫。

第六章　海が陸と出会う場所

（1）Lambeck, K., Woodroffe, C.D., Antonioli, F., Anzidei, M.W., Gehrels, R., Laborel, J., and Wright, A.J. (2010) Paleoenvironmental records, geophysical modelling, and reconstruction of sea level trends and variability on centennial and longer timescales. In: *Understanding Sea Level Rise and Variability.* (Eds., J. A. Church, P. L. Woodworth, T. Aarup, and W. S. Wilson, Wiley-Blackwell, pp. 61-121.

（2）Intergovernmental Panel on Climate Change (2013) Climate Change 2013: The Physical Science Basis. Contribution of Working Group I to the Fifth Assessment Report of the Intergovernmental Panel on Climate Change. (Eds. Stocker, T.F. et al.), Cambridge University Press, 1535 pp.

（3）Charette, M.A. and Smith, W.H.F. (2010) The volume of Earth's ocean. *Oceanography,* 23, 104-106.

（4）阪口豊、高橋裕、大森博雄（1986）『日本の川』岩波書店。

（5）斎藤文紀、池原研（1992）「河川から日本周辺海域への堆積物供給量と海域での堆積速度」『地質ニュース』452, 59-64.

（6）Mirza, M.M.Q. (2003) Three recent extreme floods in Bangladesh: A hydrometeorological analysis. *Natural Hazards,* 28, 35-64.

（7）氷期から間氷期にかけての海面変動については、以下の拙著第3章に詳しい解説がある。大河内直彦（2015）『チェンジング・ブルー：気候変動の謎に迫る』岩波現代文庫。

（8）中条純輔（1962）「古東京川について―音波探査による―」『地球科学』、59, 30-39.

（9）堀越増興、永田豊、佐藤任弘（1987）『日本列島をめぐる海』岩波書店。

(10) 中川毅、Tarasov, P.E., 西田詩、安田喜憲(2002)「日本海沿岸、北陸地方における最終氷期—完新世変動に伴う気温と季節性の変動の復元」『地学雑誌』111, 900-911.

(11) ウィリアム・ライアン、ウォルター・ピットマン(2003)『ノアの洪水』(戸田裕之訳)、集英社。

(12) Ryan, W.B.F., Pitman III, W.C., Major, C.O., Shimkus, K., Moskalenko, V., Jones, G., Dimitrov, P., Gorur, N., Sakinc, M., and Yuce, H. (1997) An abrupt drowning of the Black Sea shelf. *Marine Geology*, 138, 119-126.

(13) Giosan, L., Filip, F., and Constantinescu, S. (2009) Was the Black Sea catastrophically flooded in the early Holocene? *Quaternary Science Reviews*, 28, 1-6.

(14) Bailey, D.W. (2007) Holocene changes in the level of the Black Sea: Consequences at a human scale. In *Black Sea Flood Question: Changes in Coast Line, Climate and Human Settlement* (eds., Y.-H. Yanko-Hombach), Springer, p. 515-536.

(15) 以下の文献には、東京の地形とその成り立ちについて詳しい解説がある。貝塚爽平(1979)『東京の自然史』紀伊国屋書店。

(16) 一番高いのはギザの大ピラミッドで一四七メートルあり、二番目に高いファロスは一三四メートルだった。

第七章　塩の惑星

(1) R・P・マルソーフ(1989)『塩の世界史』(市場泰男訳)、平凡社。

(2) マーク・カーランスキー(2005)『「塩」の世界史』(山本光伸訳)、扶桑社。

(3) ピエール・ラズロ(2005)『塩の博物誌』(神田順子訳)、東京書籍。

(4) 旧約聖書(http://www.wordplanet.org/jp/)「レビ記」第2章13

（5）食品としての塩については、以下の文献が参考になる。橋本壽夫、村上正祥（2003）『塩の科学』朝倉書店。また塩の歴史を含む多様な側面について、橋本壽夫氏による詳しい情報に富んだウェブサイトが以下にある。http://www.geocities.jp/t_hashimotoodawara/
（6）Usiglio, J.（1849）Analyse de l'eau de la Méditerranée sur les cotes de France. *Annalen der Chemie*, 27, 92-107. 水温四〇℃での実験結果。
（7）北野康（1996）『水の科学』ＮＨＫブックス。
（8）Lowenstein, T., Timofeeff, M.N., Brennan, S.T., Hardie, L.A., and Demicco, R.V.（2001）Oscillations in Phanerozoic seawater chemistry: Evidence from fluid inclusions. *Science*, 294, 1086-1088.
（9）Hsü, K.J., Ryan, W.B.F., and Cita, M.（1973）Late Miocene desiccation in Mediterranean. *Nature*, 242, 240-244.
（10）Krijgsman, W., Hilgen, F.J., Raffi, I., Sierro, F.J., and Wilson, D.S.（1999）Chronology, causes and progression of the Messinian salinity crisis. *Nature*, 400, 652-655.
（11）Bloch, R, Littman, H.Z., and Elzari-Volcani, B.（1944）Occasional whiteness of the Dead Sea. *Nature*, 154, 402-403.
（12）佐藤洋一郎、渡邉紹裕（2009）『塩の文明誌―人と環境をめぐる５０００年』日本放送協会。
（13）McKenzie, J.A.（1999）From desert to deluge in the Mediterranean. *Nature*, 400, 613-614.

第八章　地下からの手紙

（1）宇治谷孟（1998）『日本書紀：全現代語訳』講談社学術文庫。
（2）西村進、桂郁雄、西田潤一（2006）「有馬温泉の地質構造」『温泉科学』56, 3-15.

（3）小嶋稔（1979）『地球史』岩波新書。
（4）Kawamoto, T., Yoshikawa, M., Kumagai, Y., Mirabueno, M.H.T., Okuno, M., and Kobayashi, T. (2013) Mantle wedge infiltrated with saline fluids from dehydration and decarbonation of subducting slab. *Proceedings of the National Academy of Sciences U.S.A.*, 110, 9663-9668.
（5）King, C.-Y., Koizumi, N., and Kitagawa, Y. (1995) Hydrogeochemical anomalies and the 1995 Kobe Earthquake. *Science*, 269, 38-39.
（6）Tsunogai, U. and Wakita, H. (1995) Precursory chemical changes in ground water: Kobe Earthquake, Japan. *Science*, 269, 61-63.
（7）Igarashi, G., Saeki, S., Takahata, N., Sumikawa, K., Tasaka, S., Sasaki, Y., Takahashi, M., and Sano, Y. (1995) Ground-water radon anomaly before the Kobe Earthquake in Japan. *Science*, 269, 60-61.
（8）安井豊（1968）「地震に伴う発光現象に関する調査報告」（第一部）『地磁気観測所要報』13, 25-61.
（9）VAN法とは、この手法を開発したアテネ大学の Panayotis Varotsos, Caesar Alexopoulos, Kostas Nomikos の三人の研究者の頭文字をとって命名された地震予知法である。この手法の信頼性については、発表された直後から専門家の評価は大きく割れ、激しい議論がこれまで行われてきた。現在でもその評価が定まったとは言い難く、論争は続いている。Varotsos, P. Alexopoulos, C., and Nomikos, K. (1981) Seismic electric currents, *Proceedings of the Academy of Athens*, 56, 277-286.
（10）Lazaridou-Varotsos, M.S. (2012) Disastrous earthquakes in Pyrgos, 1993: The public warning. In *Earthquake Prediction by Seismic Electric Signals: The Success of the VAN Method over*

Thirty Years (ed., Lazaridou-Varotsos, M.S.), Springer-Verlag, Berlin, pp. 99-106.
(11) http://www.geology.sdsu.edu/how_volcanoes_work/Nyos.html
(12) 日下部実 (2010)『湖水爆発の謎を解く：カメルーン・ニオス湖に挑んだ20年』岡山大学出版会。
(13) Sigurdsson, H. (1999) *Melting the Earth: The History of Ideas on Volcanic Eruptions.* Oxford University Press.
(14) Krajick, K. (2003) Killer Lakes. Smithsonian, 34 (6), 46-50.

おわりに

(1) ピエール・ラズロ (2005)『塩の博物誌』(神田順子訳)、東京書籍。

初出『考える人』二〇一三年春号〜二〇一五年冬号

新潮選書

地球《ちきゅう》の履歴書《りれきしょ》

著　者………………大《おお》河《こう》内《ち》直《なお》彦《ひこ》

発　行………………2015年９月20日
13　刷………………2022年２月５日

発行者………………佐藤隆信
発行所………………株式会社新潮社
〒162-8711　東京都新宿区矢来町71
電話　編集部03-3266-5611
読者係03-3266-5111
http://www.shinchosha.co.jp
印刷所………………大日本印刷株式会社
製本所………………株式会社大進堂

ISBN978-4-10-603776-4 C0344